选煤厂生产自动化控制与测试技术

（适用于选煤技术专业）

司亚梅　王　俊　主　编

王福斌　副主编

北京理工大学出版社
BEIJING INSTITUTE OF TECHNOLOGY PRESS

内 容 简 介

本书根据高等职业教育发展新要求及选煤行业的特点进行编写，以培养学生的职业岗位技能为目标，侧重技能应用，本着"实用、适用、够用"的原则，系统地介绍了选煤厂生产自动化控制与测试技术的基本知识、选煤厂供电的基本知识、选煤厂常用高低压电气设备、电力拖动的基本知识、选煤生产工艺参数测试技术、计算机在选煤厂控制及管理中的应用、选煤厂生产自动化控制及调控技术等内容，并结合高职高专选煤技术专业人才培养目标设置了一定数量的实训项目，对学生自动化生产技术及分析能力的培养具有重要意义，具有很强的实用性。

本书可作为高职高专选煤技术相关专业的教材，也可供煤炭加工企业工程技术人员学习参考使用。

版权专有　侵权必究

图书在版编目（CIP）数据

选煤厂生产自动化控制与测试技术 / 司亚梅，王俊主编. —北京：北京理工大学出版社，2020.9
　ISBN 978-7-5682-9081-4

　Ⅰ. ①选…　Ⅱ. ①司…②王…　Ⅲ. ①选煤厂-电气控制-高等职业教育-教材②选煤厂-测试技术-高等职业教育-教材　Ⅳ. ①TD94

中国版本图书馆 CIP 数据核字（2020）第 180060 号

出版发行 / 北京理工大学出版社有限责任公司
社　　址 / 北京市海淀区中关村南大街 5 号
邮　　编 / 100081
电　　话 / （010）68914775（总编室）
　　　　　（010）82562903（教材售后服务热线）
　　　　　（010）68948351（其他图书服务热线）
网　　址 / http://www.bitpress.com.cn
经　　销 / 全国各地新华书店
印　　刷 / 三河市华骏印务包装有限公司
开　　本 / 710 毫米×1000 毫米　1/16
印　　张 / 12
字　　数 / 224 千字
版　　次 / 2020 年 9 月第 1 版　2020 年 9 月第 1 次印刷
定　　价 / 68.00 元

责任编辑 / 钟　博
文案编辑 / 钟　博
责任校对 / 周瑞红
责任印制 / 施胜娟

前　　言

为满足选煤行业生产新形势对高职高专教育的要求，加快适应新时代生产和发展所需要人才的培养步伐，依据选煤行业发展的新特点及培养高素质技术技能人才的要求，在广泛调研的基础上，采用校企合作方式，本着"实用、适用、够用"的编写原则，注重高等职业教育的特点，简化理论体系，充分体现新技术、新设备和新方法在选煤厂生产实践中的应用，本书实现了理论内容与服务生产岗位工作要求的完美对接，具有一定的新颖性。

本书由乌海职业技术学院司亚梅统筹编写，其中第一章和第二章由乌海职业技术学院王福斌编写，第三章和第四章由乌海职业技术学院王俊编写，第五章、第六章和第七章由乌海职业技术学院司亚梅编写。全书由校企合作企业工程技术骨干姚学斌主审。

由于编者水平有限，本书的错误和不妥之处在所难免，恳请有关专家和广大读者提出宝贵意见。

编　者

目　　录

第一章
选煤厂生产自动化控制与测试技术的基本知识

第一节 选煤厂的基本工艺过程

选煤厂是加工矿井原煤的工厂，它由各种不同的作业环节和工艺设备组成，其全部生产过程基本上实现了机械化。选煤加工的目的是清除原煤中的杂质，提高煤炭质量，满足工业部门（钢铁、化工等）的要求，合理利用煤炭资源。

选煤厂必须根据入选原煤可选性的难易程度，合理地设计生产工艺流程和采用相应的设备，以达到预期的生产工艺指标。

目前，我国选煤生产工艺过程大致包括以下主要工艺环节。

一、原煤准备作业

其任务是将入选原煤进行预先处理，选出大块矸石、木块和铁器等杂物，为了达到选煤机械对入料粒度的要求，通常还要将大块原煤破碎到某个粒级。有的选煤厂由于入选原煤质量波动较大，为了给选煤机械创造稳定的入选条件，还设有必要的原煤质量均匀化设施（如混煤、配煤、分装等）。此外，有些大型群矿选煤厂还需设置原煤受煤设施。

二、选煤和脱水作业

入选原煤用跳汰选煤或重介选煤工艺分选，其产品经脱水（重介为脱介）后即最终产品，如块精煤、末精煤、中煤和洗矸等。

三、煤泥精选回收和洗水澄清作业

其任务是把水洗（或重介）作业中没有得到有效分选的细粒煤泥集中起来，

进行浓缩后再用浮选设备精选。浮选的精煤和尾煤分别脱水，澄清水循环再用。

在北方地区的，由于气候寒冷，为防止产品在装运过程中冻结，选煤厂一般还设有浮选精煤火力干燥设备。

四、生产技术检查

通过对选煤过程的入选原煤、中间产品、最终产品以及辅助过程进行采制样，并进行测量或化验分析，即可获得各种各样的数量、质量数据，以便及时了解生产现状、调整操作条件，达到指导生产和控制选煤指标的目的。

五、产品运销作业

其任务是将各种选煤产品分别装运出售，供用户使用。

选煤厂对煤炭进行分选常用的基本加工程序如图1-1所示。

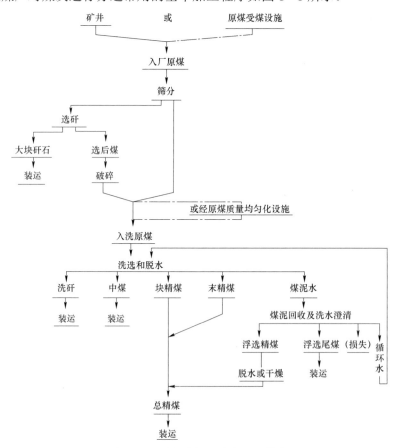

图1-1　选煤厂对煤炭进行分选常用的基本加工程序

第二节　选煤厂生产自动化控制与测试的目的和作用

一、选煤厂生产自动化控制与测试的目的

选煤厂生产工艺环节多、程序复杂，并采用了大量的机械设备。在生产过程中，各种设备必须按照一定的工艺程序运转，并需要监视其运行状态，各种工艺参数需及时检测，并调整到规定的范围内。这样一个复杂的机械化生产过程若只依靠人工就地操作和监控，显然是不合理的。

实践证明，采用人工就地操作和监控，不但岗位人员多、劳动强度大、劳动生产率低，而且设备很难达到安全运转和合理运行，不能充分发挥设备的效能，难以获得预期的生产工艺指标和较高的经济收益。因此，实现选煤厂生产自动化不仅是选煤生产的客观需要，还是实现选煤现代化的必要技术手段。

二、选煤厂生产自动化控制与测试的作用

根据国内外的经验，实现选煤厂生产自动化，可以达到以下的技术经济效果：

（1）实现选煤设备的自动控制和生产工艺参数的自动调节，可使设备在最佳条件下运转，充分发挥其效能，确保产品质量、数量及其他工艺指标稳定，提高精煤回收率，进而达到最佳控制的目的。

（2）由于设有必要的自动保护、监视、报警等装置，因此能保证设备安全运转，提高设备的利用率。

（3）实现全厂设备的自动或集中控制、自动监视、自动保护或报警以及生产工艺参数的自动检测和调节，可以大幅减少岗位人员，提高生产效率，降低工人的劳动强度，改善工人的劳动条件。

（4）劳动生产率、设备利用率、精煤回收率的提高，产品数量、质量的稳定，可降低选煤生产的成本，增加生产利润。

选煤厂生产自动化，不但能达到一定的经济效果，而且能实现节能减排、保护环境的目的。

目前全世界都在大力发展洁净煤技术。传统意义上的洁净煤技术主要是指煤炭的净化技术及一些加工转换技术，即煤炭的洗选、配煤、型煤以及粉煤灰的综合利用技术，国外煤炭的洗选及配煤技术相当成熟，已被广泛采用。洁净煤技术

是减少污染和提高效率的煤炭加工、燃烧、转换和污染控制新技术的总称，是当前世界各国解决环境问题的主导技术之一。

我国的洁净煤技术包括煤炭加工、煤炭高效洁净燃烧、煤炭转化、污染排放控制和废弃物处理4个领域。

煤炭洗选加工是开发洁净煤技术的重要和首要环节，而洗选煤技术是煤炭加工技术的一种，它将原煤脱灰、降硫并加工成质量均匀、用途不同的各品种煤。这是提高煤炭利用率、减少污染物排放的最经济、最有效的途径。选煤厂生产自动化的实现可以大大提高洗选煤效率，提高我国原煤的入洗率，使产品质量更加稳定，更容易进行配煤。

第三节　选煤厂生产自动化控制与测试的基本内容

随着选煤工艺和设备的不断革新及自动化技术的发展，选煤厂生产自动化水平越来越高，由初期只能对生产设备及工艺参数进行监视和事故报警，发展到能对设备和工艺参数进行自动控制和调节，从实现单机自动化、作业线自动化，逐步向全厂综合自动化发展，并开始进行利用电子计算机控制和指挥全厂生产的试验研究。

选煤厂生产自动化的内容十分广泛，它是根据选煤工艺和设备及生产管理的要求而确定的。其主要内容一般包括以下几个方面：

（1）对设备和生产工艺过程的自动监视、自动保护和报警。在生产过程中，对生产设备的运行状态进行自动监视，并设有必要的保护装置，实现事故自动排除或自动报警。在必要的地点还可设置工业电视和通信设备，以便进行远方监视和调度联络，避免发生事故或将事故扩大化，确保安全生产。

（2）生产工艺参数的自动检测和自动调节。在生产过程中，对各工艺过程的生产工艺参数，如入料量、矿浆浓度、流量、悬浮液比重、黏度，药剂添加量，床层厚度，产品数量、灰分、水分、硫分、仓位和液位等进行快速自动检测，并自动指示或记录。对某些操作参数进行自动控制和调节，使生产过程能够在接近最佳的条件下进行，确保产品数量、质量和其他选煤指标稳定。

（3）对生产设备自动或集中控制。在生产过程中，全厂各作业设备都要实现自动或集中控制，并根据运转需要及时转换运行流程；故障时可按程序紧急停车；检修或处理故障时可转换为就地操作。全厂设备实现自动或集中控制，可有效减少岗位人员，降低工人的劳动强度，提高劳动生产率。

选煤厂各主要作业环节（或车间）自动化的具体要求如下：

（1）原煤准备车间。自动清除原煤中的大块矸石、铁器和木块等杂物；实现原煤质量均匀化设施的自动化（如自动分装、混煤和配煤等）和原煤系统设备的自动或集中控制，自动监视，原煤储量（或仓位）、原煤灰分等的自动检测。

大型群矿选煤厂尚需实现原煤受煤系统设备的自动化。

（2）跳汰车间。自动启停跳汰机和跳汰系统的设备，自动检测入选原煤量、灰分、精煤灰分、床层厚度，自动控制和调节跳汰机的给料、排料及跳汰制度等。

（3）重介车间。自动控制重介分选机及其他设备的入料量；进行悬浮液循环系统和脱介设备的自动控制和调节，悬浮液的自动准备、输送、稀释、浓缩和补充，悬浮液的比重、黏度和液面的自动检测及自动调节，重介系统设备的自动或集中控制、自动监视等。

（4）浮选车间。进行浮选入料流量、浓度、药剂添加量的自动检测和调节，药剂的自动准备，真空过滤机液面的自动调节，浮选系统设备的自动或集中控制、自动监视等。

（5）火力干燥车间。进行火力干燥机的给料、排料、温度、压力的自动控制和调节，自动点火及防爆安全自动保护报警，干燥系统设备的自动或集中控制、自动监视等。

（6）辅助设备。进行各种泵类、风机、脱水设备及阀门等的单机自动化，如循环水泵、水源井泵、介质泵、真空泵、底流泵、浓缩机、鼓风机、压风机、过滤机、压滤机和离心脱水机等。

（7）生产技术检查。进行选煤过程中入选原煤、中间产品、最终产品（如精煤、中煤和矸石等）的自动采制样及上述产品的灰分、水分、硫分和数量等的快速自动检测，并进行指示或记录，以控制和指导生产操作。

（8）运销车间。实现产品储量（或仓位）、灰分、水分和硫分等的自动检测，产品装车、调车、计量的自动或集中控制、自动监视，并自动指示、记录装车的各种数据。

在选煤生产中若想实现以上基本的自动化控制与测试的基本内容，需要重点掌握和学习有关供电、电力拖动和自动控制方面的相关知识，后面的章节将分别进行详细介绍。

实训项目一

实训项目名称： 绘制选煤厂煤炭分选常用基本加工程序示意图

实训要求:

(1) 能够准确绘制炼焦煤选煤厂煤炭分选常用基本加工程序示意图;

(2) 能够完整准确地叙述炼焦煤选煤厂煤炭分选常用基本加工过程。

实训内容:

本实训中需要绘制的煤炭分选常用的基本加工程序示意如图 1-1 所示。

第二章

选煤厂供电的基本知识

第一节　电力系统的基本知识

电能是现代工业的主要动力，它具有取用方便，输送简单，便于控制、调节和测量等优点。因此，电能被广泛用于国民经济各部门及人们的日常生活。电能是由发电厂生产的，发电厂一般设在一次能源所在地（如煤田、油田、河流等），但有可能远离电力用户，这样就存在电能输送问题；为了保证电能经济输送和满足不同用户对电压的要求，又存在变换电压的问题；电能输送到用户以后还存在电能分配的问题。

一、电力系统的基本组成

在电力系统中，电能从生产到供给用户使用，通常要经过发电、变电、输电及配电等许多环节。

1. 发电

发电是指将各种形式的一次能源（如热能、水能、核能等）转变成电能。按所用一次能源的不同，可分为火力发电、水力发电和核能发电等。目前我国发电主要是火力发电和水力发电，其中火力发电占 60%左右。核能发电近年来也有较快的发展。

2. 变电

变电站（所）主要由变压器、母线及开关设备等组成。根据性质和作用的不同，变电站（所）可以分为升压变电站（所）和降压变电站（所）两大类。升压变电站（所）多设在发电厂内，而降压变电站（所）则根据其在电力系统内所处的地位和作用又分为区域变电站（所）（或者叫一级变电站）、企业变电站（所）及车间变电所（亭）。区域变电站（所）的作用是进行输电电压的变换，同时指挥、调度和监视某一大区域的电力运行，进行必要的保护，并有效地控制事故的蔓延，以确保整个区域电网运行稳定和安全。企业变电站（所）、车间变电所（亭）通常进行配电电压的变换。

3. 输电

发电厂生产的电能，除了满足内部用电和直接分配给附近电力用户外，大部分需要经过升压变电站（所）变换成高压电能，进行远距离输送。在一般情况下，输电距离在 50 km 以下时，采用 35 kV 电压；在 100 km 左右时，采用 110 kV 电压；超过 200 km 时，采用 220 kV 或更高的电压。在具体选择输电电压等级时，要综合各种经济技术指标来考虑。

4. 配电

配电分为电业系统对电能用户进行的电能分配和各用户内部对用电设备进行的电能分配两种。配电线路上的电压称为配电电压。配电电压的高低通常取决于用户的分布、用电性质、负荷密度和特殊要求等。常用的高压配电电压有 110 kV、35 kV、10 kV 和 6 kV 等多种。大多数用户是由 10 kV 或 6 kV 直线供电。低压配电电压有 660 V、380 V、220 V 等。选煤厂大多数采用 380 V 和 220 V，目前所建选煤厂动力配电电压也有采用 660 V 的。

由发电厂、变电站（所）、输电配电线路和电力用户组成的系统称为电力系统，如图 2-1 所示。

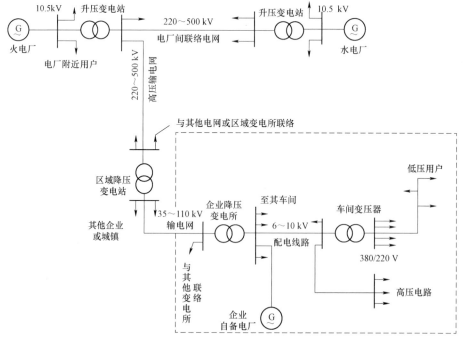

图 2-1　电力系统示意

第二节　电力负荷的分级

电力负荷又称"用电负荷"。电能用户的用电设备在某一时刻向电力系统取用的电功率的总和称为电力负荷。

各类电力负荷由于运行的特点和重要性的不同，它们对供电可靠性和电能质量的要求也不同。

为了适应不同电力负荷的要求、合理选择供电方案，我国将电力负荷分为三级。

1. 一级负荷

这类负荷在供电突然中断时将造成人员伤亡，或造成重大设备损坏且难以修复，或给国民经济带来巨大损失，如煤矿的主排水泵和主通风机、炼钢厂的高炉等。

对一级负荷用户的供电不能间断，应由两个独立电源供电，其中任一电源发生故障或因检修而停电时，立即由另一电源供电，以确保供电的连续性。

2. 二级负荷

这类负荷在供电突然中断时将造成设备的局部损坏，或生产流程紊乱且恢复困难，或出现大量废品或大量减产，从而在经济上造成较大损失，如选煤厂、水泥厂和化纤厂等。

二级负荷只允许短时停电，要求采用双回路电源供电，且应来自上一级变电所的不同变压器。当采用双回路电源供电有困难时，允许采用单回路专用架空线路（6 kV 及以上）供电。

3. 三级负荷

凡不属于一、二级负荷的电能用户，均属于三级负荷。三级负荷对供电无特殊要求，允许较长时间停电。可以采用单回路供电，但在不增加投资的情况下，也应尽量提高其供电可靠性，如商店、学校等。

第三节　选煤厂供电的特点及要求

选煤厂机械化程度较高，生产连续性强，生产机械高度集中，便于实现集中控制和自动化生产，因此选煤厂对供电要求较高。

选煤厂供电的基本特点及要求如下：

（1）可靠。选煤厂属于二级负荷，供电中断会造成减产和产品质量下降，带来较大的经济损失。矿属选煤厂采用 6～10 kV 电压供电时，一般不少于双回路供电，而且双回路电源应引自矿井地面变电所不同的变压器或母线段；大型独立选煤厂一般采用 35 kV 电压等级、双回路或单回路专用架空线路供电。

（2）安全。为了避免事故的发生，保证生产的顺利进行，必须采用如防触电、过负荷及过电流保护等一系列技术措施和相应的管理制度，以确保供电的安全。

（3）经济技术合理。除满足供电的可靠性和安全性要求以外，应力求系统简单、运行灵活、操作方便、建设投资和年运行维护费用低，并能保证供电质量。

供电质量的主要指标是供电电压和供电频率。在交流电网中，供电电压 U 和频率 f 对电动机的转矩 M 和转速 n 有很大影响：电动机的转矩 M 正比于供电电压的平方（$M \propto U^2$），转速 n 正比于频率 f（$n \propto f$），因此，供电电压 U 和频率 f 的波动直接影响电动机的正常运行。

我国规定，工频交流电的额定频率是 50 Hz，频率的偏差不得超过 ±0.5 Hz。频率指标由电力部门保证，在此不作论述。

电压指标是电力用户需要考虑的。由于种种原因，用电设备在工作过程中的电压与额定电压总有一定的差值，两者之差称为电压偏移。各种用电设备的电压偏移都有一定的允许范围（±15%），超出此范围，用电设备将无法正常工作，严重时甚至造成设备损坏。在以后的章节中，还要具体分析各种情况下的电压偏差允许范围。

第四节　选煤厂常见供电系统

一、选煤厂常见供电系统类型

选煤厂供电系统主要根据选煤厂的生产能力进行划分，一般可以简单地分为大型选煤厂供电系统和中小型选煤厂供电系统两类，如图 2-2 和图 2-3 所示。

二、大型选煤厂供电系统

对于大型选煤厂（如图 2-2 所示），送入选煤厂的 35 kV 高压电首先经过总降压变压器降压（图 2-2 中的 1），然后引至 6~10 kV 高压配电室（图 2-2 中的 2），经各种配电装置将 6~10 kV 电能分配给各车间变电所（亭）（图 2-2 中的 3）或高压用电设备（图 2-2 中的 4），最后由车间变电所（亭）将 6~10 kV 电能变至 380 V/220 V 供给各种低压电气设备和全厂照明之用。

大型选煤厂采用 35 kV 电压供电时，厂内要设总降压变电所（图 2-2 中的 1 和 2 部分）。总降压变电所的主变压器一般为两台，当其中一台发生故障或需要检修时，另一台应能保障全厂的主要生产设备用电（不少于全厂总负荷的 75%）。变压器的容量是根据全厂用电设备总计算负荷来确定的，变压器的总容量应大于或等于全厂用电设备的总计算负荷。

总降压变电所的位置一般选在靠近全厂负荷中心（即主厂房）的地方，且应进出线方便，位于污染源（如锅炉、煤仓等）上风侧，避开有剧烈震动的场所，还应留有扩建和发展的余地。

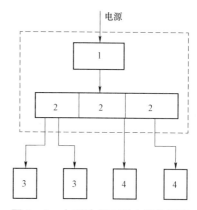

图 2-2　大型选煤厂供电系统框图

1—总降压变压器；2—高压配电室；
3—车间变电所（亭）；4—高压用电设备

高压配电室主要由各种高压开关柜组成。根据控制对象的不同，高压开关柜的接线方案和结构有所不同。每台高压开关柜分别与车间变压器、高压用电设备以及电力电容器、避雷器等对应，主要起到将 6～10 kV 母线（即高压配电室 6～10 kV 总源线）上的电能分配给各种用电设备的作用。

三、中小型选煤厂供电系统

1. 中小型选煤厂供电系统的基本结构及特点

中小型选煤厂供电系统可用图 2-3 所示的框图表示。这类选煤厂供电，一般是由矿井地面变电所直接引入 6～10 kV 电压，不再需要总降压变压器，只设 6～10 kV 配电所，将电能分配给各车间变电所（亭）或高压用电设备。

当供电距离较近、设备集中时，车间变压器也可以设在 6～10 kV 配电室内（此时称为高压变电所），将 6～10 kV 电能变至 380 V/220 V 后送往车间低压配电室。当 6～10 kV 变电所距车间较远时，必须设置车间变电所（亭）。

2. 车间变电所（亭）的主要类型

车间变电所（亭）一般只有一台变压器，其容量取决于该车间用电设备的总计算负荷。车间变电所（亭）的位置一般根据下述几个原则来确定：尽量接近大容量设备；避开有剧烈振动的设备（如振动筛、破碎机等）；避免设在用水的设备及水池、水槽水面附近。另外，主厂房车间变电所的母线一般应采取竖向布置，各层配电室由竖向母线供电。母线由专设的母线通道与各层车间封闭，检修和安装口应设网门开向各层配电室。

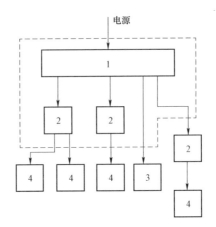

1—高压配电室；2—车间变电所（亭）；3—高压用电设备；4—低压配电室

图 2-3　中小型选煤厂供电系统框图

车间变电所（亭）的种类很多，按所处的位置划分有以下几种类型：

（1）户外变电所。变压器安装于户外露天地面上，不需要建设房屋，通风良好，造价低。户外变电所多位于车间外墙侧，也可单独设立。

（2）附设变电所。利用车间的一面或几面墙壁，在车间墙内或墙外设置的变电所。附设在车间墙内的，叫内附式；附设在车间墙外的，叫外附式。附设变电所大门向车间外开。变电所不占车间生产面积或只占车间边角的一部分，不妨碍生产流程变动时调整设备布局。这种变电所比户外变电所造价略高，但供电可靠性高。

（3）车间内变电所。对于设备布局稳定，负荷大且集中的大型车间（如选煤厂主厂房），变电所设置在车间内，门向车间内开，由车间进入变电所。这种变电所的突出优点是接近负荷中心，可以节省大量的有色金属，减少功率损耗，保证电压稳定。

（4）独立变电所。设置在离车间有一定距离的单独建筑物内。这种变电所造价较高，对于不适合采用前几种变电所的场合，可以采用独立变电所。

（5）变电台。当变压器容量较小时，可以安装在户外的电杆上或台墩上。

四、变电所的主要电气设备

变电所的主要电气设备有电力变压器、高压断路器、高压隔离开关、高压负荷开关、高压熔断器、母线、互感器、避雷器等。这些设备的结构和原理将在以后的章节中详细分析，这里仅作简单介绍，以便分析变电所的接线。

1. 电力变压器

电力变压器是变电所的核心设备，用来进行电压变换，以满足各种电压等级

用电设备的需要。如总降压变压器将 35 kV 电压变至 6～10 kV,车间变压器将 6～
10 kV 电压变至 660 V/380 V/220 V。

2. 高压断路器

高压断路器的作用是接通和切断高压负荷电流,同时也能切断过载电流和短
路电流。高压断路器种类很多,变电所常用的主要是真空断路器。

3. 高压隔离开关

高压隔离开关的作用是隔离电源并造成明显的断点,以保障能安全地对电气
设备进行检修。高压隔离开关没有专门的灭弧装置,它不能用来关断负荷电流。
它通常安装在高压断路器的进、出线侧,在高压断路器断开电路以后,高压隔离
开关才能打开,使高压断路器或其他电器与电源隔离,以便检修。

4. 高压负荷开关

高压负荷开关的作用是切断和接通负荷电流。它具有简易灭弧装置,断流能
力不大,不能切断事故短路电流,必须和高压熔断器配合使用,靠高压熔断器来
切断短路电流。

5. 高压熔断器

高压熔断器的主要作用是保护电气设备免受过载电流和短路电流的危害。

6. 母线

母线又称汇流排,是指高、低压配电室中的电源线,由它向各高、低压开关
柜供电。

母线一般由铜、铝等材料制成。它的截面形状有圆形、矩形和多股绞线。在
35 kV 以下的配电室中大多采用矩形母线,在 35 kV 以上的室外变电系统中多采
用多股绞线作母线。为了便于识别相序,母线都涂有不同颜色:第一相为黄色,
第二相为绿色,第三相为红色。

7. 互感器

互感器用来将一次回路中的交流电压、电流按比例降至某一标准值(如电压
100 V、电流 5 A),以便向仪表、继电器等低压电器供电,组成低压二次回路,
并对一次侧高压回路进行测量、调节和保护。互感器按变换量的不同可分为电压
互感器和电流互感器。

8. 避雷器

避雷器用来保护电气设备免遭雷电过电压的危害,其安装在电气设备的进线
侧或母线上。在电压正常时,避雷器电阻很大,相当于对地开路,当雷击引起雷
电过电压时,避雷器击穿,对地放电。

变电所的主要电气设备的图形符号和文字符号见表 2-1。

表 2-1 变电所的主要电气设备的图形符号和文字符号

序号	名称	图形符号	文字符号（GB 7159）	序号	名称	图形符号	文字符号（GB 7159）
1	双绕组变压器	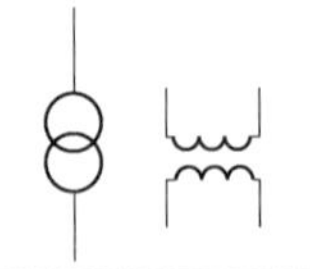	TM	9	高压隔离开关		QS
2	三绕组变压器	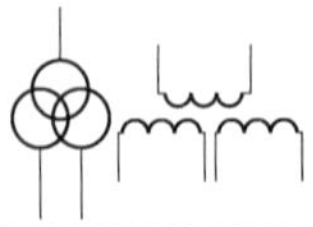	TM	10	三相隔离开关	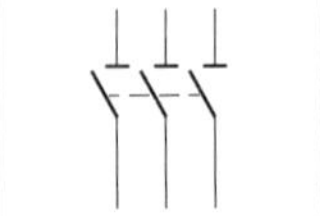	QS
3	电流互感器	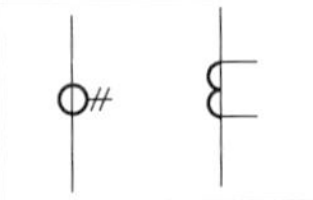	TA	11	高压熔断器		FU
4	电压互感器	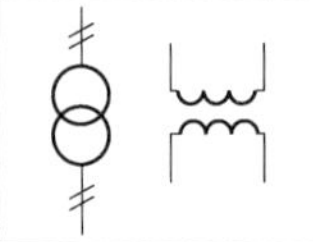	TV	12	带熔断器三相隔离开关	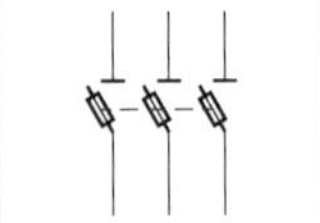	QS
5	高压断路器		QF	13	跌落式熔断器	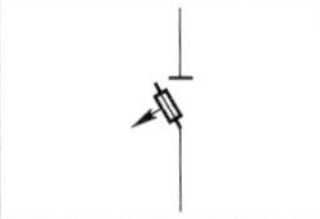	FU
6	三相断路器	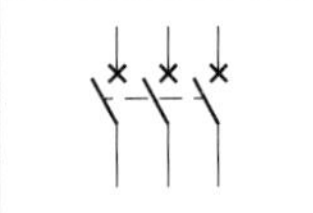	QF	14	低压力开关	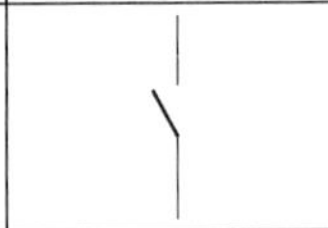	QS
7	高压负荷开关	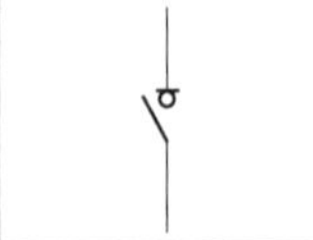	Q	15	自动空气开关	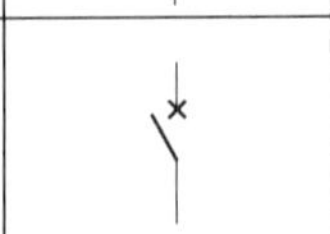	QF
8	三相负荷开关	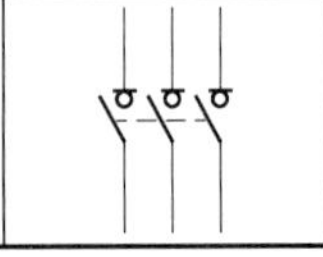	Q	16	避雷器	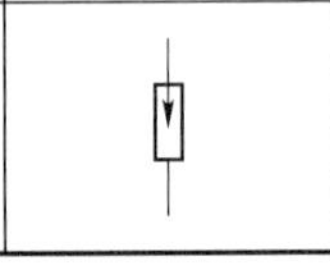	F

五、变电所的主接线图

表示变电所各种电气设备及其相互之间连接顺序的图，称为变电所电气接线图。按其作用不同，变电所电气接线图可分为主接线图和二次接线图两种。

主接线图是表示电能由电源到用户传递和分配线路的接线图。为了便于看图，主接线图中一般只画出系统中的主要设备，如电力变压器、高压断路器、高压隔离开关等。变电所的主接线直接影响变电所的技术经济指标和运行质量，主接线应简单、可靠、运行灵活、经济合理、操作安全方便。

二次接线图是表示控制、测量和保护等装置的接线图。与之相连的是测量用的电压和电流互感器、各种仪表及继电保护电器等电气设备。一般二次接线图中应附有主接线的设备和元件，以便了解二次接线的作用。

1. 总降压变电所的主接线

采用两路 35 kV 电压供电的大型选煤厂，总降压变电所的主接线方式一般采用桥式接线。桥式接线有内桥式、外桥式和全桥式 3 种。

1）内桥式

如图 2-4 所示。1 号、2 号电源进线经过线路断路器 QF_1 和 QF_2，分别接变压器 TM_1 和 TM_2 的高压侧，向变电所供电。为了提高供电可靠性，断路器 QF_3 和 QS_7、QS_8 组成一个联络桥，将两线路连接在一起，由于桥接断路器 QF_3 在 QF_1 和 QF_2 的内侧且靠近变压器，故称这种主接线为内桥式。

内桥式接线的优点是线路运行灵活性强。例如，当 1 号电源进线检修或故障时，断路器 QF_1 断开。这时变电所的变压器 TM_1 可由 2 号电源进线经线路断路器 QF_2 和桥接断路器 QF_3 继续供电，从而不会使低压侧的主要负荷中断供电。同理，当 2 号电源进线发生故障或检修时，变压器 TM_2 可以通过线路断路器 QF_1 和桥接断路器 QF_3 继续供电。因此内桥式接线的供电可靠性较高。

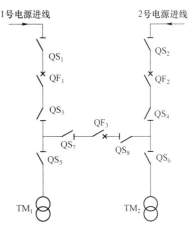

图 2-4 内桥式接线

若变压器 TM_1 发生故障或在检修时，应首先断开线路断路器 QF_1 和桥接断路器 QF_3，然后断开隔离开关 QS_5。因隔离开关没有熄灭电弧的装置，它不能带负荷操作，只有在断路器把电路切断以后打开，才能起到隔离电源的作用。在 QS_5 断开以后，合上 QF_1 及 QF_3，可恢复 1 号电源进线和变压器 TM_2 的正常工作。由于整个操作过程大约需要 30 min，因此这种接线方式在变压器故障或检修时操作不太方便。

内桥式接线多用于供电线路较长，线路故障和检修机会较多，需要经常切换线路，而且负荷比较平稳，变压器不需要经常切换的变电所。

2）外桥式

图 2-5 所示为外桥式接线。桥接断路器 QF_3 跨接在线路断路器 QF_1 和 QF_2 的外侧，因此称之为外桥式接线。这种接线方式的运行灵活性和供电可靠性与内桥式相似，但适用条件不同：外桥式接线适用于供电线路较短，线路故障和检修机会较少，而且负荷变化较大，变压器需要经常切换的变电所。这种接线方式在

投入或切除变压器时不影响线路的正常运行，检修 TM_2 时，只需断开断路器 QF_2 即可，两条电源进线可正常工作。

3）全桥式

内桥式和外桥式接线都具有结构简单、投资少、变电所占地面积小等优点。它们都存在一定缺点，内桥式接线切换变压器不方便，而外桥式接线切换线路不方便。图 2-6 所示的接线方式为全桥式，在桥接断路器 QF_5 的内、外侧均有两台线路断路器。这种接线方式克服了内桥式和外桥式接线的缺点，无论是切换线路还是切换变压器，操作都比较方便。但全桥式接线具有所需设备多、投资大、变电所占地面积大等缺点。选煤厂多采用前两种接线方式。

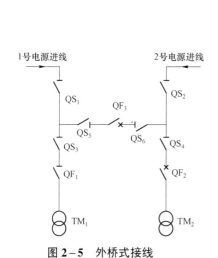

图 2-5　外桥式接线

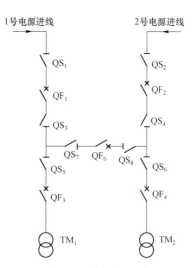

图 2-6　全桥式接线

2. 车间变电所的主接线

车间变电所一般只有一台变压器，其主接线采用线路-变压器组接线方式。车间变电所的电源来自高压配电室 6～10 kV 母线，在 6～10 kV 母线侧经带有高压隔离开关、高压断路器或负荷开关的高压开关柜送电。在车间变电所的高压侧（即变压器的高压侧）。可安装高压断路器、高压隔离开关或跌落式熔断器。高压侧究竟采用哪种方式，应视具体情况而定。对于变压器容量为 560 kV·A 及以上的 6/（0.4～0.23）kV 车间变电所，变压器高压侧应采用高压断路器；对于变压器容量为 560 kV·A 及以下的 6/（0.4～0.23）kV 车间变电所，变压器高压侧可采用负荷开关、高压隔离开关或跌落式熔断器等；对于变压器容量在 180 kV·A 及以下的 6/（0.4～0.23）kV 车间变电所，高压侧可采用跌落式熔断器。车间变压器常用的接线方式见表 2-2。

表 2-2 车间变压器常用的接线方式

序号	图 例	特 点
1	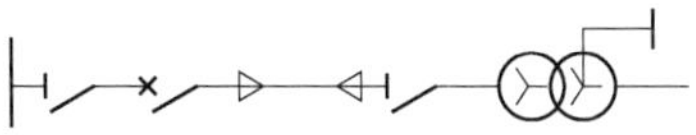	总降压变电所（配电所）端设高压断路器，用电缆放射式直配，至车间变电所经高压隔离开关接入变压器
2	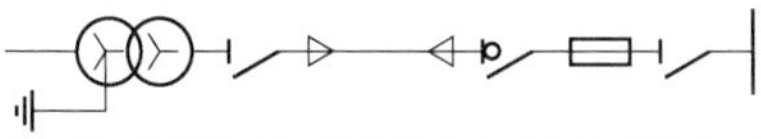	总降压变电所（配电所）端设高压负荷开关和高压熔断器，其他同 1
3		电源端如 1，用电缆放射式直配，直接用电缆接入变压器
4	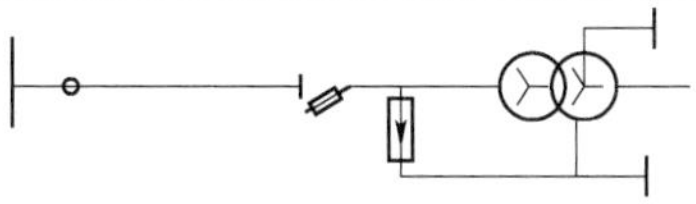	架空线引入，经高压熔断器接入变压器
5	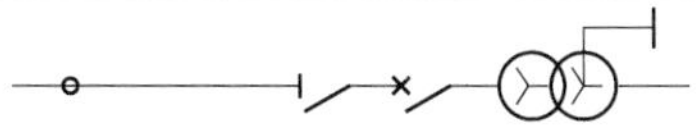	架空线引入，经高压断路器接入变压器
6	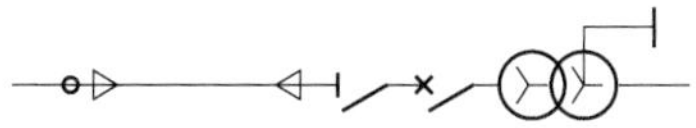	同 5，但为架空线经电缆引入

3. 选煤厂变电所的母线

变电所高、低压配电室的母线，用于向各高、低压开关柜供电。每线制可分为单母线制、单母线分段制和双母线制。母线制与电源进线的数目有关：一回路电源进线只采用单母线制；在两回路电源进线的情况下，可采用单母线分段制；在供电负荷大且重要负荷多的情况下，可以考虑采用双母线制。选煤厂变电所一般不采用双母线制。

单母线分段制是采用高压断路器或高压隔离开关将一根母线分成两段。两段母线分别与两回路电源进线相连。一般地，当负荷较大时，用高压断路器分段；在负荷较小时，则采用高压隔离开关分段。选煤厂多采用高压隔离开关来分段母线。

4. 选煤厂供电系统分析

1）大型选煤厂供配电系统

图 2-7 所示为大型选煤厂供配电系统示意。来自 35 kV 电网的双回路电源进线向两台变压器 TM_1 和 TM_2 供电。主接线采用外桥式接线，6 kV 母线采用单母线分段。厂内重要负荷安装在不同的母线段上，以保证供电的可靠性。图中变压器 TM_1 低压侧母线段上通过高压开关柜接有 1 号、2 号、3 号 3 台车间变压器，而另一段母线上接有 4 号和 5 号车间变压器、变电所专用变压器及高压电动机；两段母线之间通过高压隔离开关连接起来。为防止雷电过电压对电气设备的危害，在两台变压器的进线侧和 6 kV 母线的两段上均装有避雷器。为了对系统进行功率因数补偿，以便把功率因数提高到电力部门规定的数值，分别在两段母线上安装

一定数量的电力电容器。另外，两段母线上还连接有电压、电流互感器作测盘和保护之用。

根据所接负载的不同，高压开关柜的接线方案也不同。如控制车间变压器的高压开关柜主要由高压断路器及其双侧的高压隔离开关组成，控制高压电动机的高压开关柜仅由一台高压隔离开关和一台高压断路器组成，而母线联络用的开关柜只有一台高压隔离开关。

图2-7中仅画出了高压供配电系统。其低压供配电系统可参考中小型选煤厂供配电系统。

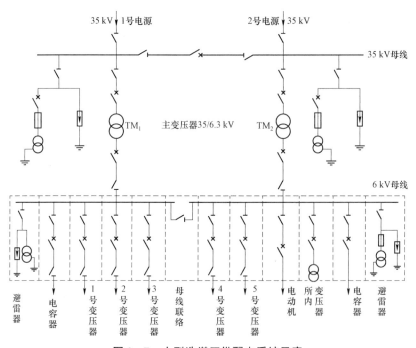

图2-7　大型选煤厂供配电系统示意

2）中小型选煤厂供配电系统

图2-8所示是中小型选煤厂供配电系统示意。图上部为6 kV配电室，其电源由矿井地面变电所引入，一般设两路电源供电。

配电室中的6 kV母线也是分段的。中间由联络柜连接。配电室由不同的高压开关柜组成。为了防雷和改善功率因数，在母线上接有避雷器和电力电容器。厂内各车间变压器由各高压开关柜供电。

车间变压器降压后向各低压配电室供电。如1号变压器向原煤准备车间配电室和原煤储存仓配电室供电；2号变压器向主厂房一层、二层和三层配电室供电等。

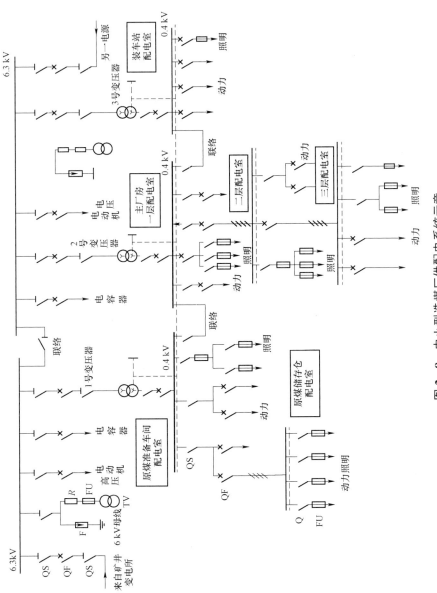

图 2－8 中小型选煤厂供配电系统示意

各低压配电室由不同的低压配电屏和动力箱组成，临近的低压配电室可以互相联络。各低压配电屏和动力箱分别向各生产机械或照明供电。

为获得 220 V 照明电源，各车间变压器次级应为"且"形接线，引出中性线并将中性点接地。

第五节　雷电防护与电气接地

一、过电压的有关概念

1. 过电压

电气设备正常运行时，其绝缘承受的是电网工作电压。但是，由于操作方式、故障、运行方式的改变或雷击等原因，在电气设备或线路上可能暂时出现超过正常工作电压并危及设备和线路绝缘的电压升高，此种现象称为过电压。

过电压按其能量来源可分为两大类，即内部过电压和外部过电压。内部过电压因操作、故障、谐振、运行状况变化而激发；由于电力系统内部电磁能量的转化或传递引起电压升高，其能量源于电力系统内部，故称为内部过电压。外部过电压系雷击造成电气设备或线路的电压升高，是电力系统外部能量所致，故称为外部过电压（又称为大气过电压）。

2. 内部过电压

内部过电压根据其发生的原因不同，又分为工频电压升高、操作过电压和谐振过电压。

（1）工频电压升高的例子之一是在中性点不接地系统中，发生单相接地故障时，非故障相对地的电压升高；当金属性接地故障时，其值可达 $\sqrt{3}$ 倍相电压。

（2）操作过电压是电力系统中的开关操作、负荷骤变或由于故障出现断续性电弧所引起的过电压，这类过电压的常见例子有切断并联电容器，切断空载变压器或切、合空载长线路等。

（3）谐振过电压是电力系统中的电路参数在特定组合时发生谐振所引起的过电压。最常见的谐振过电压是发生在中性点不接地系统中的电磁式电压互感器引起的铁磁谐振过电压。

运行经验证明，内部过电压一般为电力系统正常运行时额定电压的 3～3.5 倍。

3. 外部过电压

外部过电压又称为大气过电压，是由于电力系统中的设备或构筑物遭受直接雷击或雷电感应而产生的过电压，故也称为雷电过电压。

这种过电压又分为直击雷过电压和感应雷过电压。

（1）直击雷过电压是雷电直接击中电气设备、线路或建筑物，强大的雷电流通过目标物体泄入大地，在目标物体上产生较高的电压降。由于雷电流高达数万乃至数十万安，直击雷过电压可达数千千伏。

（2）感应雷过电压又分为静电感应和电磁感应两种。静电感应是指雷云在接近它的建筑物、线路、设备或金属管道上感应出异号束缚电荷，当雷云对其它地面目标放电时，上述物体（如架空线路）上的电荷失去束缚而形成自由电荷，并以电磁波的形式向导线两端高速传播。它不仅在线路上产生过电压，而且沿线路侵入变电所或用户而造成危害。电磁感应过电压则是雷击线路或地面目标时，强大的雷电流产生变化率很高的电磁场，在附近的金属物体上感应出过电压。

二、过电压的保护

电力网中的内部过电压一般为系统正常运行时额定电压的 3～3.5 倍，对电网绝缘的危害很大。为了保证电力网运行的安全，在设计线路和变电所时，其绝缘水平已考虑了过电压的防护而留有合理的余度，并在系统运行方式和选用设备上采取了一些限制过电压的措施。对谐振过电压应采取避开谐振条件的措施。

雷电过电压中直击雷过电压可达数千千伏，雷电过电压产生的雷电冲击波，其电压幅值可高达 1 亿伏，其电流幅值可高达几十万安，如此高的电压可能击穿线路或设备的绝缘，如此大的电流将使被击物体剧烈发热甚至着火燃烧，所以必须采取有效措施，避免电气设施遭受雷击。所采取的措施就是在变电所、构筑物和线路上装设防雷设备。

三、防雷设备的工作原理和维护

1. 雷电的危害

夏日雨季的雷电会对人身和财产造成破坏。

（1）直接雷击引起的雷害：雷云直接对地面物体放电，其过电压引起强大的雷电流通过地面物体流入地中，产生极大的热效应和机械效应。其往往引起火灾、房屋倒塌或电气设备损坏等事故。

（2）感应作用（感应雷）引起的雷害：当建筑物或架空线路的上空有雷云时，在建筑物或架空线路上便会感应出与雷云所带电荷性质相反的电荷。在雷云向其他地方放电后，雷云与大地之间的电场消失，但聚集在建筑物顶部或线路上的电荷不能立刻散去，而向地中流散或向线路两端流动，此时建筑物的顶部或线路对地面便有很高的电位，形成感应雷过电压。它往往造成屋内电线、金属管道和大型金属设备放电，引起火灾和爆炸，危害人身安全并对供电系统造成危害。

（3）沿架空线路侵入变（配）电所或用户的高电位（雷电波）引起的雷害：架空线路遭到直击雷或产生感应雷，高电位便会沿导线侵入变（配）电所或屋内。这种雷电波也会危及电气设备的运行和人身安全。

2. 避雷针、避雷线、避雷带和避雷网

避雷针与避雷线的作用是防护电气设备、线路及建筑物等免遭直击雷的危害。

避雷针（线）高于被保护设备，并具有良好的接地。它们将雷电引向自身放电，并将放电电流经由接地装置引入大地，从而保护其周围一定空间范围内的物体免遭雷击。这个免受雷击的空间称为避雷针（线）的保护范围。它与避雷针（线）的高度和数量有关。

1）避雷针

避雷针由 3 个部分组成。第一部分是耸立于高空的针尖，用于接收雷电，一般用镀铸钢或钢管制成，长 1～2 m，高度在 20 m 以内的独立避雷针通常用木杆或水泥杆支撑，更高的避雷针则采用钢铁构架。第二部分为引下线，用于将雷电流引入地下，通常采用直径不小于 6 mm 的圆钢或截面不小于 25 mm² 的镀锌钢绞线制成。若采用钢筋混凝土墩或钢铁构架，可利用钢筋或钢铁架作引下线。引下线靠近地面 2 m 处一般应加以机械保护。第三部分是接地体，它与引下线连接，将雷电流泄流到大地，可利用废铁管或扁铁等焊接成接地网埋入地下，但以满足需要的接地电阻值为标准。

如果单支避雷针的保护范围不够，可采用两支或多支避雷针，将欲保护的建筑物置于各避雷针的联合保护范围内。

2）避雷线（又叫架空地线）

避雷线主要用来保护架空线路，也可用来保护狭长的设施。避雷线由悬挂在被保护物上空的钢绞线、接地引下线和接地装置组成。

3）避雷带和避雷网

避雷带和避雷网通常用来保护较高的建筑物免受雷击。避雷带一般沿屋顶周围装设，高出屋面 100～150 mm。避雷网除用圆钢或扁铁沿屋顶周围装设外，还在屋顶用圆钢或扁铁纵横连接成网。避雷带、避雷网均须用引下线与接地装置可靠地连接。

3. 避雷器

避雷针（线）虽能保护电气设备免遭雷击，但电气设备还会受到感应雷过电压或雷电波的危害。因此，电气设备设置了避雷器，用来防止上述危害。

避雷器与被保护用电设备并联，它之所以能使被保护物免受过电压的危害，是由于避雷器的另一端接地，且避雷器对地放电电压低于保护设备的绝缘水平。当过电压波沿线路袭来时，它首先放电将过电压泄漏入地，从而保护电气设备的绝缘。目前常用的避雷器主要有保护间隙避雷器、管型避雷器、阀型避雷器和压敏电阻避雷器等。

第六节　电气安全常识

在选煤厂的生产过程中，供电安全是十分重要的。为了保证供电安全，必须掌握基本的电气安全常识，采取必要的安全技术措施，以防止因管理不当、技术不合理、无电气安全常识而造成人身触电、短路、火灾等事故，确保人身和设备的安全。

选煤厂的电气事故可分为两大类，即人身事故和设备事故（包括线路事故）。

1. 人身事故

人身事故主要指电对人体产生的直接或间接的伤害。直接的伤害可分为电击和电伤；间接的伤害包括电击引起的二次人身事故、电气着火或爆炸等带来的人身伤亡等。此外，人身事故还包括电器工作中非电器性质的人身伤亡事故，如高空作业摔伤等。

电击是指电流流过人体时对人体内部造成的伤害，也就是通常所说的触电事故，触电事故最容易造成人员死亡。触电时电流对人体伤害的严重程度与下列因素有关：

（1）通过人体电流的大小；

（2）电流通过人体的时间；

（3）电流通过人体的部位；

（4）通过人体电流的频率；

（5）触电者的身体健康状况。

一般来说，工频电流危害最大，而且电压越高，电流越大，时间越长，危险越大。我国规定：安全电流为 30 mA；一般场所，安全电压为 36 V。但应注意，在一些潮湿的环境中，由于人体电阻下降，即使 36 V 电压也不一定是安全的，也常常发生触电死亡事故。表 2-3 所示为不同电流对人体的影响。

表 2-3 不同电流对人体的影响

电流/mA	工频电流			直流电流
	通电时间	人体反应		人体反应
0～0.5	连续通电	无感觉		无感觉
0.5～5	连续通电	有麻刺感，疼痛，无痉挛		无感觉
5～10	数分钟以内	痉挛，剧痛，但可摆脱电源		有针刺感、压迫感及灼热感
10～30	数分钟以内	迅速麻痹、呼吸困难、血压升高，不能摆脱电源		压痛，刺痛，灼热强烈，抽搐
30～50	数秒到数分	心跳不规则，昏迷，强烈痉挛，心脏开始颤动		感觉强烈，剧痛，痉挛
50～数百	低于心脏搏动周期	受强烈冲击，但未发生心室颤动		剧痛，强烈痉挛，呼吸困难或麻痹
	超过心脏搏动周期	昏迷，心室颤动，呼吸麻痹，心脏麻痹或停跳		

从对触电事故的统计分析来看，触电事故多发生在炎热、潮湿的夏秋季节；多发生在工厂、企业等用电部门和低压电力系统；多发生在非专职电工人员身上。夏秋季节电气事故多是因为气候潮湿多雨，设备的绝缘性能降低，人体因天热多汗，皮肤湿润而电阻降低，同时衣着短小单薄，增加了触电的可能性和危险性。低压系统和工厂、企业等用电部门，同高压设备、运行系统相比，安全措施与组织管理较为疏松，多数人员缺乏安全用电知识，加之人们对低压的警惕较高压差，所以触电事故发生的概率较高。

触电方式多种多样，在低压电力系统中，若人站在地上接触一根火线，即单线触电（或称为单相触电），如图 2-9 所示。若系统中性点接地，则加于人体的电压为 220 V。若人体电阻按 1 000 Ω 计算，则流过人体的电流高达 220 mA，足以危及生命。中性点不接地时，虽然线路对地绝缘电阻可起到限制人体电流的作用，但线路同时还存在对地电容，而且线路对地绝缘电阻也因环境条件而异，触电电流仍可达到危害生命的程度。人体同时触及一根火线和一根零线，或人体接触漏电设备的外壳，都属于单线触电。

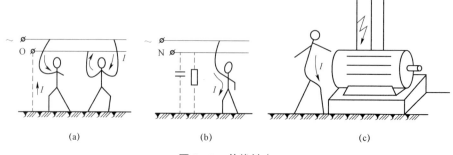

(a)   (b)   (c)

图 2-9 单线触电

两线触电（或称两相触电）如图 2-10 所示。此时人体同时接触两根火线，有 380 V 电压加于人体，触电电流高达 380 mA（人体电阻按 1 000 Ω计算）。此为危险性更大的触电方式。

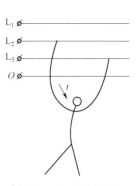

图 2-10 两线触电

人体接近高压设备造成电弧放电而使人遭受高压电击，是更为危险的触电事故。高压触电多属于这种方式。

外壳接地的电气设备，当绝缘损坏而外壳带电或导线断落发生单相接地故障时，电流由设备外壳经接地线、接地体（或由断落导线经接地点）流入大地而向四周扩散，此时设备外壳和大地的各个部位都会产生不同的电位。一般距接地体 20 m 远处电位为零（此处即电工上常说的"地"）。这时人站在地上触及设备外壳或与设备相连的金属构架及墙壁时，会承受一定的电压，这个电压称为接触电压。如果此时人站立在设备附近地面上，两脚之间也会承受一定的电压，这个电压称为跨步电压。如图 2-11 所示。接触电压和跨步电压的大小与接地电流、土壤电阻率、设备接地电阻及人体位置有关。当接地电流较大时，接触电压和跨步电压会超过允许值，从而发生触电事故。特别在发生高压接地故障或雷击时，会产生很高的接触电压和跨步电压。接触电压和跨步电压触电也是危险性较大的一种触电方式。

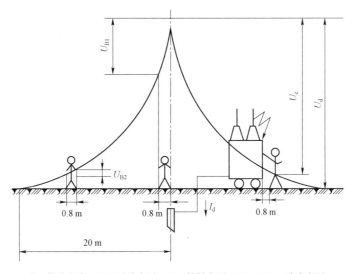

I_d—接地电流；U_d—对地电压；U_c—接触电压；U_{B1}，U_{B2}—跨步电压

图 2-11 接触电压和跨步电压

电伤是另外一种形式的人身事故，常与电击同时发生。其一般是指电流的热效应、化学效应和机械效应对人体外部造成的局部伤害，如电弧烧伤、电灼伤等。电弧烧伤是最危险，也是最常见的电伤，多发生于手部、胳膊、脸颊及眼睛。烧

伤时夹杂着熔化的金属颗粒的侵蚀以及电化学作用，对人体产生强烈的伤害，伤痕一般很难治愈。特别是对眼睛的刺伤，后果较为严重。

电弧多由短路引起，也有的是接触不良所致。最危险的是弧光短路事故，当带负荷拉刀闸时，由于负载通常为感性，在开关触点分断瞬间，很高的自感电势将使空气迅速电离而产生电弧，随着开关触点的分离，电弧被拉长和分散，两相的电弧碰触到一起便会发生弧光短路，以致引起更大的电弧火球。其产生之快，对人体烧伤之猛烈，犹如迅雷，使人猝不及防。高压电击时的强烈电弧对人体的烧伤作用足以危及人的生命。

此外，人身事故还有高空作业以及其他电气工作所引起的摔跌、砸碰伤亡和火灾及爆炸所引起的人身伤亡等。人在高处，即使遇到感知电流的刺激，也可能使人意外摔伤，以致死亡，这属于二次电击事故。

2. 设备事故

在设备与线路方面，有不同程度的设备损坏事故，线路事故以及由此引起的产品质量事故、重大停电、停工停产事故和电气火灾及爆炸事故等。有些事故可能直接带来生命之危，比如着火或爆炸引起的人身伤亡，有些事故则会造成重大的经济损失。

造成设备或线路方面各种电气事故的原因是多种多样的，有设计制造方面的缺陷，有安装使用方面的不当，有维修工作的不及时和不妥善，也有环境及条件的影响。雷击、静电、短路、电弧、设备过热等都可能引起火灾或爆炸，过负荷运行、欠压运行、线路接错等都可能造成设备损坏，安装不合理（比如熔丝选用不当）可造成停电事故，较大的火灾或爆炸事故、较大的设备损坏事故都可能同时造成停电或停工停产事故。但是，如果安全措施得当、维护修理工作及时和妥当，这些事故都是可以避免的。

实训项目二

实训项目名称：绘制电力系统示意图及大型选煤厂供电系统框图

实训要求：

（1）能够准确绘制电力系统示意图及大型选煤厂供电系统框图；

（2）能够完整准确地叙述电力系统及大型选煤厂供电系统的基本结构组成及工作过程。

实训内容：

本实训过程需要绘制的电力系统示意图及大型选煤厂供电系统框图如图 2-1 和图 2-2 所示。

第三章

选煤厂常用高、低压电气设备

在选煤厂供电系统中，高压电气设备主要担负着电能的接收、分配、控制和保护等方面的作用。本章主要介绍各种常用的高压电气设备，如高压断路器、高压隔离开关、高压负荷开关、高压熔断器、互感器、避雷器、电抗器、母线及成套配电装置等。

第一节　开关电弧

当用开关设备切断电源时，在互相分离的触头上会产生电弧。特别在较高的电压下，即使切断电流较小也会产生火花。强烈的电弧危害极大，它不但能烧坏触头，损坏电气设备，延长开断电路的时间，而且电弧的持续燃烧有可能引起对地或相间发生短路事故，甚至引起开关电气设备发生爆炸，造成电力系统终止供电。因此，分析电弧产生的原因和了解灭弧原理，采取有效的灭弧措施非常重要。

一、电弧的产生过程

当开关电器用以开断高压有载电路时，在其断开的两个触头之间将会产生电弧。这是因为触头刚刚分开以后，触头间有电压存在，形成电场，而且加到触头间的电压越高，触头间距越小，其电场强度就越大，触头表面的电子在很强的电场力的作用下被拉出来，并以很快的速度向阳极运动（这个过程叫作高电场发射）。这些高速运动的电子沿路又撞击触头间绝缘介质的分子或原子，当碰撞的动能足够大时，就会使这些原子或分子中的某些电子摆脱原子核对它们的束缚而成为自由电子。这就使一个原来中性的分子或原子变成一个带负电的电子和一个带正电的离子，这个过程叫作碰撞游离。由碰撞游离所产生的自由电子，在电场力的作用下，也以很快的速度向阳极运动，继续参与碰撞游离。这样不断循环下去，其结果是触头间的电子和正离子逐渐增多，即触头间的导电性能越来越好，最后形成电弧导电通道。由此可见，碰撞游离是电弧发生的主要原因，而触头间的强电场则是电弧发生的必要条件。

在发生上述过程的同时，电弧电流所产生的热量使电弧温度很高，可达 $6\,000\,℃ \sim 7\,000\,℃$，有时高达 $10\,000\,℃$ 以上，在此高温下触头间介质中的原子或分子的热运动加剧，互相激烈地碰撞着，使原来不带电的分子或原子游离成为自由电子和正离子，这种游离称为热游离。热游离加速了电弧通道中带电质点的增多，加剧了电弧的燃烧，成为电弧导电和燃烧的主要原因。另外，当大电流触头刚刚切断分开的时候，由于触头间压力和接触面面积的减小，触头的接触电阻迅速增大，使电极表面出现强烈的炽热斑点，受热运动的激励，有电子从这些炽热斑点伸向周围空间进行发射，这种现象叫作热电发射。热电发射也会使电弧通道中的带电质点增多，从而加剧电弧的燃烧。

总之，上述高电场发射和热电发射所产生的自由电子，在电场的作用下奔向阳极，在途中又参与碰撞游离以及发生热游离。无论哪一种现象，都会使触头间带电质点增多，这种形成带电质点的过程统称为游离。触头间在外电压作用下使介质游离而维持电弧燃烧，此时电路中仍有电流通过。

触头在接通过程中也会产生电弧，这是当动、静触头足够靠近时，由于高电场的作用在触头间发生的预击穿现象。

二、灭弧的基本方法

电弧熄灭的必要条件是去游离作用大于游离作用。根据这个道理，人们经过反复实践提出了许多灭弧的方法。目前，在开关设备中最常见的灭弧措施有气吹灭弧、油吹灭弧、电磁吹弧、狭缝（或狭沟）灭弧、多断口灭弧等。

1. 气吹灭弧

气吹灭弧是将压缩气体注入弧道，使电弧受到冷却和拉长，造成强烈的去游离而使电弧熄灭。气体压力越高，流速越快，灭弧效果越好。吹弧方式可分为纵吹和横吹两种，如图 3-1 所示。横吹是使吹动方向与电弧垂直，可把电弧拉长并切断；纵吹是使吹动方向与电弧平行，可促使电弧变细。横吹比纵吹效果好，因为它使电弧的长度和其接触表面积增大，加强了电弧的去游离。在高压断路器中，往往纵、横吹同时使用，以提高灭弧速度。

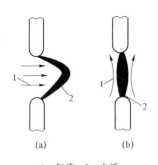

1—气流；2—电弧

图 3-1 气吹灭弧

（a）横吹；（b）纵吹

气吹灭弧用于空气断路器、六氟化硫断路器等灭弧装置中；也有用电弧高温使有机物质分解成气体来吹弧的，如负荷开关、管型避雷器等。

2. 油吹灭弧

油吹灭弧应用在各种油断路器中。油断路器采用各种形式的灭弧室，利用电弧高温或导杆运动的机械力，促使断路器中的绝缘油高速流动来吹灭电弧。

3. 电磁吹弧

使电弧在电磁作用下产生运动而达到灭弧目的的方法叫作电磁吹弧。这种灭弧方法在低压电器中广泛应用。电磁吹弧有以下几种方式：

（1）利用电弧各段电流之间的电动力以及电弧离温形成空气向上流动等，使电弧迅速拉长冷却而熄灭，如图 3-2（a）所示。

（2）利用电流与磁性材料相互作用，使电弧移动，如图 3-2（b）所示。这是由于电弧的磁通通过磁性材料时，力图使磁通具有最小磁阻的位置，把电弧拉向磁性材料，例如 $SN_{IO}-10$ 型少油断路器。在横吹口埋一铁块，将电弧引至耐弧触头；磁力起动器中的灭弧栅由铁磁材料制成，将电弧吸入栅内，促其迅速熄灭等。

（3）利用磁吹原理，将电弧拉长使其熄灭，如图 3-2（c）所示。这里应注意使磁吹线圈产生的磁场方向应与电弧垂直，并使电弧受力后沿触头的弧角方向运动，才能达到熄弧目的。

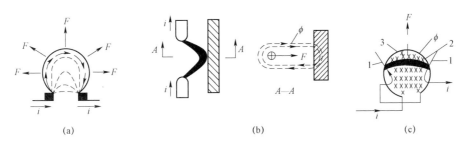

（a）　　　　　　　　　　（b）　　　　　　　　　　（c）

1—触头；2—电弧；3—磁吹螺管线

图 3-2　各种电磁吹弧原理示意

4. 狭缝（或狭沟）灭弧

狭缝灭弧就是将电弧与团体绝缘介质紧密接触，并在介质的狭缝中运动，同时加强冷却和复合作用，使电弧被拉长，弧径被压小，弧电阻增大，最后导致电弧熄灭。狭缝灭弧栅和填料式熔断器等都属于这种灭弧方法的结构，如图 3-3 所示。

5. 将长弧分成若干段短弧

其方法就是将电弧穿过一排与电弧垂直放置的金属片，把长弧切成若干段短弧。若栅片数目较多，使各段短弧压降之和大于外加电压，电弧因得不到维弧所需的最低电压而熄灭。交流短弧在瞬时电流过零熄灭后，由于近阴极效应，使每段弧隙介质电强度骤增到 150～250 V。若干段弧隙串联起来，便可获得很高的介质电强度，电弧在电流过零熄灭后就不易重燃。

图 3-4 所示为不对称栅片电弧路径示意，当动、静触头分开发生电弧时，电弧在电动力和栅片磁场力的作用下，由栅片的缺口 A 处移动到 B 处，并继续上升到栅片内磁阻最小处 C。电弧被栅片切割成若干段短弧。如把相邻栅片布置成高低不一，缺口相互错开，电弧在栅片之间将发生上、下、左、右扭斜，弧径会增长，灭弧能力将进一步得到提高。

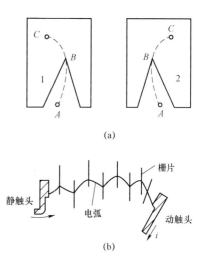

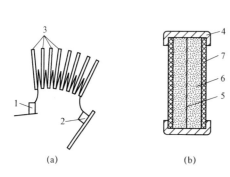

1—固定触头；2—可动触头；3—绝缘灭弧栅片；
4—铜帽；5—熔体；6—石英砂；7—瓷管

图 3-3　狭缝（或狭沟）灭弧

（a）绝缘灭弧栅；（b）细粒填料形成的狭缝灭弧

图 3-4　不对称栅片电弧路径示意

（a）栅片；（b）栅片排列及电弧路径

6. 提高触头分断速度

触头分断速度快，弧隙距离增大也快，电弧被迅速拉长，有利于灭弧。采用强力断路弹簧，可把触头分断速度提高到 4～5 m/s。

7. 利用多断口灭弧

这种灭弧方法多用在高压断路器中。它是在一相断路器内做成多个断口（如图 3-5 所示），由于断口数量的增加，每一断口的电压降低（相当于触头分断速度成倍地提高），使电弧迅速拉长，从而达到较好的灭弧效果。

在现代高压断路器中，常采用提高具有灭弧能力强的气体介质的压力的方法和应用耐高温的铜钨合金触头的措施来加速灭弧，有时还采用在高压断路器的断口（触头间）上并联电阻或电容的方法来提高灭弧性能。

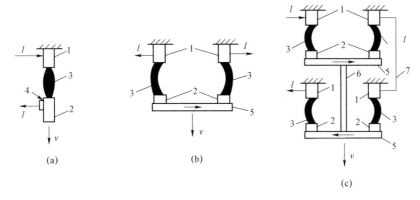

1—静触头；2—动触头；3—电弧；4—滑动触头；5—滑动触头横梁；6—绝缘杆；7—载流连接导体

图 3-5　一相多断口示意

（a）一个断口；（b）两个断口；（c）四个断口

第二节　高压断路器

一、高压断路器及其作用

高压断路器是在 1 000 V 以上高压设备中很重要的用来接通和断开高压电路的开关电器。它不但在正常时可断开负荷电路，而且还可以借助保护装置和自动装置在短路故障状态下自动断开故障电路。

二、真空断路器的结构及基本原理

真空断路器是一种利用真空空间作为绝缘和熄弧介质的新型开关设备。当触头切断电路时，触头间将产生电弧，在电流瞬时值为零的瞬间，真空中的电弧立即被熄灭；电弧中的离子、电子、中位蒸气以及气体分子等迅速扩散，并被"复合"冷却与吸附，真空空间的介质电强度得以很快恢复。此时真空绝缘的破坏主要来自电极及电极材料所产生的蒸气作用。这就是真空断路器的基本工作原理。

真空断路器的主要部件是真空灭弧室，其结构如图 3-6 所示。它由动触头、动触杆、静触头、玻璃外壳、屏蔽罩及波纹管等构成。动、静触头部分密封在灭弧室里，担负着接通和切断电路的任务。灭弧触头采用中心凹下的两个圆盘组成的对接式结构（如图 3-7 所示），这种触头结构的特点是既能产生驱使电弧径向运动和推动弧极移动的电磁力，有利于灭弧，又有较高的机械强度，不会因触头的变形而影响触头间的绝缘强度，同时加工工艺简单，触头材料是经过特殊冶炼的铋铈合金，具有高抗熔焊能力和耐腐蚀能力、含气量小、开断能力强的特点，因而能可靠地开断负荷电流及短路电流。

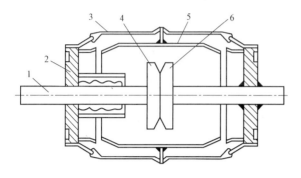

1—动触杆；2—波纹管；3—玻璃外壳；4—动触头；
5—屏蔽罩；6—静触头

图 3-6　真空灭弧室的结构示意

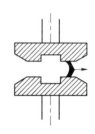

图 3-7　灭弧触头的结构

动触杆与波纹管的一端焊接在一起，具有真空灭弧室的动密封作用。动触头在移动时仍能保持密封，这是凭着波纹管的可伸缩的弹性（行程很小）。真空灭弧室的屏蔽罩经支盘以氩弧焊固定在上、下玻璃外壳上，故机械强度高，散热效果好，有利于金属蒸气的冷凝和介质强度的恢复。真空灭弧室采用玻璃外壳，具有直观易检查和成本低廉的特点。真空灭弧室用无油机组抽气，既可以获得较高的真空度，又没有油污染，故性能稳定可靠。

真空断路器具有质量轻、体积小、寿命长、维护简单、检修周期长、操作无噪声、无爆炸着火危险、开断能力强、性能稳定、动作快等优点，但在开断小电流时易产生截流现象，因此在开断感应性的小电流回路时，会产生很高的截流过电压。此外，目前对真空度的监视和测量还没有简单可靠的办法。

第三节　高压隔离开关与负荷开关

一、高压隔离开关及主要作用

高压断路器装有强力灭弧的装置，可以切断带负载甚至发生短路事故的电路，但其两个触头间的距离较近且带电，检修时极不安全，因此应采取隔距较大的另一种开关设备把带电部分隔开，以便安全检修。这种隔开电源的开关称为隔离开关，又称为刀闸。

高压隔离开关没有灭弧装置，不能用来开断负荷电流，只有在电路被高压开关断路的情况下，才能操作高压隔离开关进行接通或断开。否则，会在高压隔离开关触头之间形成很强的电弧，这不仅能烧毁高压隔离开关本身，还能烧坏邻近的电气设备，甚至引起相间或对地弧光闪络，造成严重的短路或人身伤亡事故。因此，操作规程规定，"只有当电路被断路器切断之后，才能操作隔离开关使其接通或断开"。也就是说，只有当相应的高压断路器切断电路后，才能拉开高压隔离开关。当合闸时，须先合上高压隔离开关，然后再合上高压断路器。两者之间应装有必要的连锁装置。

高压隔离开关也用来进行电路的切换操作。如在双母线电路中，用高压隔离开关将负载从工作母线切换到备用母线的操作，有时也可以用来进行小电流电路的切换，因为这时高压隔离开关触头上不会产生很强的电弧。我国电力工业有关规定中规定：高压隔离开关可以分合 2 A 以下的变压器空载电流或线路电容电流，以及 5 A 以下的电阻性负载电流。高压隔离开关与熔断器配合使用，可作为 180 kV·A 以下容量变压器的电源开关。

高压隔离开关按极数可分为单板式和三极式；按动触头的动作方式可分为闸刀式、旋转式和插入式；按使用环境可分为户内式和户外式。

图 3-8 所示为 GN_8-10/600 型高压隔离开关的结构，它的额定电压为 10 kV，额定电流为 600 A，它由三相共用的底架、支柱瓷瓶、导电系统（包括闸刀、触头）以及操作绝缘子组成。

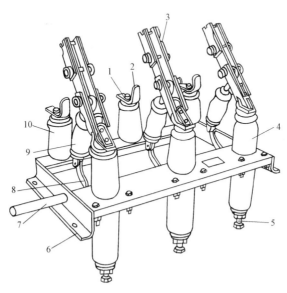

1—上接线端；2—静触头；3—刀闸；4—套管绝缘子；5—下接线端；6—框架；7—转轴；
8—拐臂；9—升降绝缘子；10—支柱绝缘子
图 3-8　GN_8-10/600 型高压隔离开关的结构

高压隔离开关的触头采用指形线接触。其动触头由两个或多个平行闸刀片组成，额定电流越大，刀片数越多，各片间互相隔开并用弹簧压紧；固定触头以铜板弯成直角做成，在合闸位置时两个刀片因弹簧的压力紧紧夹在固定触头两侧，形成线接触。这样的线接触在合闸的过程中等于擦掉了接触表面的氧化物，降低了电阻。当短路电流通过高压隔离开关的闸刀片时，两平行刀片互相作用产生较大的互相吸引的电动力，使接触压力增大。为了增加接触压力，常在平行刀片的两侧加上磁锁，即在平行刀片的外侧加装两块钢片，以增强磁场，加大电动力，在正常工作或发生短路故障时，保证有足够的电动稳定性，防止发生自发性的开闸危险。这对闸刀向下安装的高压隔离开关尤为重要。

二、高压负荷开关

高压负荷开关是一种小切断容量的开关电器，专门用来开断和闭合电路的负载电流或指定的过载电流。为此，在高压负荷开关上装有具一定灭弧能力的灭弧装置。

高压负荷开关的结构较断路器简单。它有与高压隔离开关一样明显可见的断点，但比高压隔离开关具有较大的切断电流的能力。高压负荷开关不能开断短路电流，但这并不意味着它不能代替断路器。高压负荷开关往往与高压熔断器串联成一个整体，用高压负荷开关切断负荷电流，用高压熔断器切断短路电流及过载电流，以代替断路器。这种组合的电器称为综合负荷开关，在功率不大或不甚重要的场合可用综合负荷开关代替昂贵的断路器，这使配电装置的成本降低，操作与维护也较简单。

高压负荷开关与高压隔离开关不同，有灭弧装置，能自动开断。

高压负荷开关种类很多，按灭弧介质的不同可分为固体产气式、压气式和油浸式3种。其中前两者均有明显的外露可见断口，因此能够起到高压隔离开关的作用。

图 3-9 所示为 FN_1-10R 型高压负荷开关的结构，它主要由底架、灭弧器、导电系统等部分组成。底架用来支撑其他部件和安装在底架上的传动机构的主轴、支柱绝缘子、分闸弹簧及用橡胶制成的弹性缓冲器。灭弧器由胶木灭弧罩、内部装有有机玻璃制成的 U 形灭弧片和灭弧触头等组成，如图 3-10 所示。当开关接通时，灭弧刀闸进入 U 形灭弧片和灭弧静触头中，当开关开断时，灭弧刀闸离开灭弧静触头，产生电弧，在电弧高温的作用下，U 形灭弧片产生大量气体，使灭弧罩内的压力升高，当灭弧刀闸在灭弧罩内时，气体只能经过灭弧刀闸和灭弧片中的空隙而逸出灭弧罩外，这时电弧被强烈冷却而熄灭在灭弧罩内，为了可靠熄灭电弧，灭弧刀闸的分离速度不小于 4 m/s。

高压负荷开关的导电系统分为主回路和弧回路。主回路由刀舌状主静触头、主刀闸和刀架组成。当主刀闸运动时，灭弧刀闸跟随运动；分断时，主回路先断开，弧回路后断开，其目的在于保证主动、静触头之间不产生电弧。

FN$_1$-10R 型高压负荷开关还装有 RN$_1$ 型高压熔断器，以达到短路和过载保护的目的。

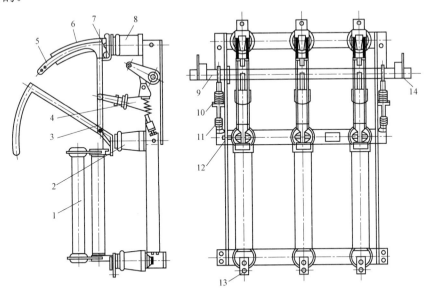

1—RN$_1$ 型高压熔断器；2，8—支柱绝缘子；3—主刀闸；4—操作绝缘子；5—灭弧刀闸；6—灭弧器；
7—主静触头；9—主轴；10—分闸弹簧；11—弹性缓冲器；12—底架；13—接线端；14—拉杆

图 3-9 FN$_1$-10R 型高压负荷开关的结构

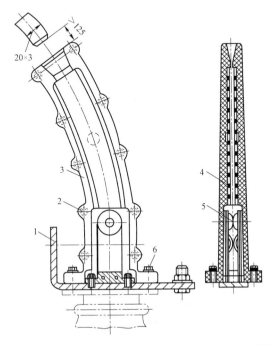

1—主静触头；2—夹紧螺钉；3—胶木灭弧罩；4—U 形灭弧片；5—灭弧静触头；6—螺钉

图 3-10 FN$_1$-10R 型高压负荷开关灭弧器的结构

第四节 高压熔断器及互感器、电抗器

一、高压熔断器

高压熔断器是在电路中设置的一个最薄弱的发热元件。当短路电流或过载电流通过时，元件本身发热熔断，从而使电路切断，达到保护的目的。高压熔断器主要由熔体和灭弧装置两部分组成。

高压熔断器的熔断过程包括 4 个物理过程：① 流过过载或短路电流时，熔体发热以至熔化；② 熔体气化，电路开断；③ 电路开断后的间隙又被击穿，产生电弧；④ 电弧熄灭。高压熔断器的断流能力决定熄灭电弧的能力，高压熔断器的动作时间为上述 4 个过程所经时间的总和。

流过高压熔断器的电流与熔断时间的关系曲线称为熔断器的安秒特性曲线。它是反时限的，即流过的电流越大，熔断的时间越短。安秒特性曲线是选择高压熔断器的主要依据，一般产品目录上都有。RN_1 型高压熔断器的安秒特性曲线如图 3-11 所示，横坐标为熔断电流，纵坐标为熔断时间。由其特性可知，高压熔断器在电路中主要用来保护电路设备，以免其受短路电流的破坏。

高压熔断器按熔体管的结构不同可分为限流式和跌落式两大类。短路电流的最大值并不是发生在短路的瞬间，而是发生在短路后的 0.01 s 时间内。如果在短路后的 0.01 s 之前，即最大短路电流到来之前，高压熔断器的熔丝就熔断了，这种高压熔断器称为限流熔断器（如 RN_1 型高压熔断器）；而在最大短路电流到来之前熔丝不熔断的高压熔断器称不限流熔断器（如 RW_7 型高压熔断器）。

1. 限流式熔断器

限流式熔断器主要由熔体管、触座、接线板、支柱绝缘子、底板等部件组成，如图 3-12 所示。

限流式熔断器按额定电流采用一根或多根熔丝缠到有棱的芯子上（额定电流小于 7.5 A）或绕成螺旋形直接安装在管内（额定电流大于 7.5 A），然后充填石英砂，两端铜帽用端盖压紧，并用锡焊焊牢以保持密封，如图 3-13 所示。当短路电流或过载电流通过时，熔丝立即熔断，同时产生电弧，由于石英砂对电弧的冷却和去游离作用，电弧很快熄灭。在熔丝熔断时，指示器弹簧的拉线也同时熔断，并从弹簧管内弹出，指示限流式熔断器切断电路。

限流式熔断器由于熄弧能力强而具有限流作用，能在短路电流未达到最大峰值之前将电弧熄灭（即强迫过零）。这对于限制短路电流，降低电气设备对动、热稳定性的要求具有重要意义。限流式熔断器在开断电路时无游离气体排出，因此在户内装置中被广泛采用。

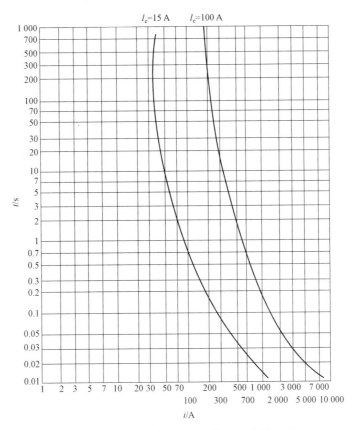

图 3-11　RN₁ 型高压熔断器的安秒特性曲线

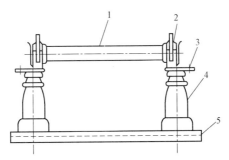

1—熔体管；2—触座；3—接线板；4—支柱绝缘子；5—座板

图 3-12　限流式熔断器

2. 跌落式熔断器

跌落式熔断器主要由上、下触头座，熔体管，绝缘子，安装板等部件组成，如图 3-14 所示。跌落式熔断器利用熔丝将熔体管上的活动关节（由动触头组成）

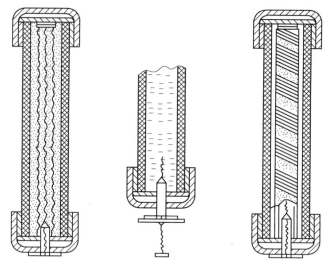

图 3-13　RN₁ 型高压熔断器的熔体结构示意

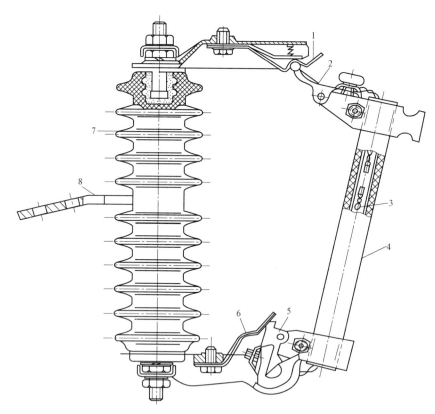

1—上触头座；2—上动触头；3—熔丝；4—熔体管；5—下动触头；
6—下触头座；7—绝缘子；8—安装板

图 3-14　RW₇-10G 型户外跌落式熔断器结构示意

锁紧，保持合闸状态。当通过短路电流或过载电流使熔丝熔断时，在熔体管内产生电弧，熔体管（常采用钢纸管或薄钢纸卷制）内壁在电弧的作用下产生大量气体，管内压力升高，气体高速向外喷出，当电流通过固有零点时，产生强烈的去游离作用，从而熄灭电弧；接着活动关节释放，熔体管自动跌落形成明显的隔离间隙。

跌落式熔断器的灭弧速度不高，在短路电流的最大值到达之前还不能将电弧熄灭，不起限流作用，是不限流熔断器。跌落式熔断器在开断电弧时会喷出大量的游离气体，同时发生爆炸响声，故只能在户外使用。

跌落式熔断器还可以起隔离开关的作用。在正常情况下，用带钩的绝缘拉杆钩在熔管上端的小孔中拉下推上，以便切断或接通空载的小容量变压器或类似的高压电路，所以跌落式熔断器广泛应用于农村和小工厂。

二、互感器

互感器包括电流互感器和电压互感器，它是一种特殊的变压器。互感器的主要作用如下：

（1）使仪表、继电器与主电路绝缘，既避免了主电路的高电压直接引入仪表、继电器，又避免了由于仪表、继电器发生故障而直接影响主电路，提高了安全性和可靠性。

（2）扩大仪表、继电器的使用范围。例如一只额定电流为 5 A 的电流表，通过电流互感器就可以测量任一量限的电流；同样，一只额定电压为 100 V 的电压表，通过电压互感器可以测量任一量限的电压。

此外，采用互感器能使仪表、继电器的规格统一，有利于大规模生产。

1. 电流互感器

电流互感器原理示意如图 3－15 所示。它的一次线圈匝数很少（有的直接穿过铁芯，只有 1 匝），导线相当粗，而其二次线圈的匝数很多，导线较细。在工作时，一次线圈串联在供电系统的一次电路中，二次线圈则与仪表、继电器等的电流线圈串联起来形成一个闭合回路。由于这些电流线圈的阻扰很小，所以电流互感器在工作时二次侧接近短路状态。

电流互感器的一次电流 I_1 与其二次电流 I_2 间存在下列关系：

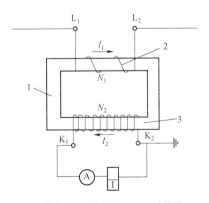

1—铁芯；2—一次线圈；3—二次线圈

图 3－15 电流互感器原理示意

$$I_1 \approx \frac{\omega_2}{\omega_1} I_2 \approx K_i \times I_2 \qquad (3-1)$$

式中，ω_1，ω_2——分别为电流互感器一次（原边）和二次（副边）的线圈匝数；

K_i——变流比，一般表示为一、二次电流比，例如 300 A/5 A。

由式（3-1）可知，电流互感器的一次电流等于二次电流乘变流比。当初级线圈中的电流变化时，次级线圈的电流与之呈比例地变化，可借助次级线圈电流的测量数据来表示初级线圈中的电流。

三、电抗器

在现代电网中，短路电流可能达到很大数值，如不人为地限制，要选择合适的供配电设备非常困难。人为限制短路电流的方法之一，就是在总降压变电所的母线或电缆配出线的首端串联电抗器。这样做的目的：可以提高装置工作的可靠程度；可按较小的短路电流选择电气设备与导线；可降低设备费用；在短路时，母线上的电压不致过低。

限流用的电抗器通常都做成无铁芯的空心式线圈。有铁芯就会有铁损，并且在正常运行时会造成较大的电压损失，而当短路电流通过时，铁芯会饱和而使电感减小，降低了限流的效果。

电压为 10 kV 及以下、电流为 150～3 000 A 的空心式电抗器通常采用混凝土结构，采用 70～185 mm² 绞线（外包绝缘纸与棉纱带）绕制线圈，用混凝土浇筑成牢固的整体，这种电抗器叫作混凝土电抗器，如图 3-16 所示。注意混凝土支柱间应有一定的间隙以保证通风。混凝土支柱应在真空中干燥，并经浸漆处理，防止在运行中吸潮发生相间电弧闪络。运行中环境温度不应超过 35 ℃。

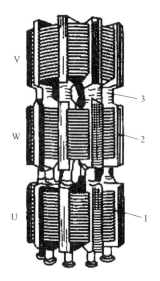

1—线圈；2—混凝土支柱；3—托架绝缘子

图 3-16 NK 型混凝土电抗器

第五节 低压电气设备

低压电气设备通常是指工作在交流电压为 1 140 V、直流电压为 1 200 V 以下电路中的电气设备。低压电气设备在选煤厂中的使用非常广泛。

根据低压电气设备在电路中的作用，可以将其分成两大类：一类是保护电器，用来保护线路或电气设备不致因过载、短路或其他故障而损坏（如熔断器、热继电器等）；另一类是控制电器，用来接通或分断低压电路（如刀开关、接触器、继电器等）。也有些电器既是控制电器，又是保护电器（如自动空气开关等）。下面简要介绍几种常用的低压电器。

一、低压开关

低压开关种类很多，如刀开关、转换开关、自动空气开关等。它的作用主要是隔离电源、接通或分断电路等。自动空气开关还具有保护功能。

1. 刀开关

刀开关又叫闸刀开关，是结构简单、使用较广泛的一种低压开关电器。刀开关的种类很多，按活动刀片数可分为单极的、两极的和三极的；按闸刀的转换方向分有单掷的和双掷的；还有带熔断器的刀开关和带速断弹簧的刀开关等。下面介绍两种常用的刀开关。

1）瓷底胶盖闸刀开关（HK 系列）

这是一种带熔断器的刀开关。这种刀开关既可广泛用于额定电压为交流 380 V 或直流 440 V、额定电流在 60 A 以下的各种线路中，不频繁地接通或切断负载电路，并起短路保护作用，也可用于 5.5 kW 以下三相电动机的不频繁直接启动和停车控制。图 3-17 所示为瓷底胶盖闸刀开关的结构示意。

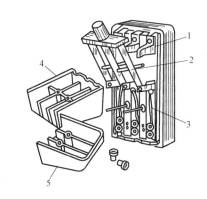

1—静触头；2—闸刀；3—熔丝；
4—上胶木盖；5—下胶木盖
图 3-17 瓷底胶盖闸刀开关的结构示意

在安装和使用刀开关时，应注意下列事项：

（1）电源进线应接在和静触头相连的端子上，而用电设备应接在闸刀下面熔丝的出线端。当开关断开时，闸刀和熔丝上不带电，以保证更换熔丝时的安全。

（2）安装时，使刀开关手柄由下向上合闸，不能倒装或平装，以防止误合闸。

（3）拉闸和合闸时，动作要迅速，以减轻电弧对触头的烧损。

（4）刀开关的额定电压与线路电压必须适应。对动力负荷，刀开关的额定电流必须是负荷电流的 3 倍及以上。

常用的瓷底胶盖闸刀开关主要有 HK1、HK2 系列。

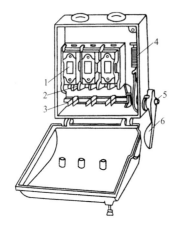

1—熔断器；2—静触座；3—可动刀闸；
4—弹簧；5—转轮；6—手柄

图 3-18 铁壳开关的结构示意

2）铁壳开关（又称负荷开关）

铁壳开关是一种手动开关电器，其用途与瓷底胶盖闸刀开关相同。如图 3-18 所示，3 个 U 形动触头固定在一根绝缘方轴上，用手柄进行操作。操作机构装有机械连锁，使盖子打开时不能合闸，手柄合闸后盖子打不开，以保证操作安全。另外，操作机构中装有速断弹簧，使刀开关快速接通或切断电路。开关分断速度与手柄操作速度无关。当扳动手柄分闸（或合闸）时，U 形动触头开始并不动作，仅拉伸弹簧储蓄能量；当转轴转过一定角度时，U 形动触头与静触头在弹簧的作用下迅速分离（或闭合），电弧快速熄灭，减少了电弧对触头的烧蚀。由于其断流能力较强，能用来控制 28kW 以下的三相电动机，但额定电流应为电动机额定电流的 3 倍及以上，且不小于所配用熔断器的额定电流。

使用铁壳开关时应注意如下事项：

（1）外壳应接地，防止意外漏电时发生触电事故。

（2）接线时，应让电流先经刀开关，再经熔断器，然后流入用电设备，以保障检修时的安全。

2. 转换开关

转换开关是一种结构紧凑的开关电器，在转轴上固定有几层动触头，不同层上的触头是相互错开的。当操作时，旋转控制手柄，某些动触头和静触头（它们与盒外的接线柱相连）接通，而另一些触头却同时断开，它是一个多触点多位置可以控制多个回路的低压电气设备。其主要用于各种配电设备中，不频繁地接通和切断回路，也可用来控制小容量电动机的启动、停车和反转以及手动控制和自动控制时的转换等。

我国生产的转换开关品种很多，常见的主要有 HZ 型转换开关和 LW 型万能转换开关，如常用的 HZ10 系列和 LW18 系列转换开关等。

3. 自动空气开关

自动空气开关又称为自动开关或自动空气断路器。当电路发生短路、过载、欠压等故障时，它能自动切断电路。

图 3-19 所示为自动空气开关原理示意。它主要由触头系统、操作机构、脱扣机构和灭弧装置等组成。触头系统是三极主触头；操作机构分为直接手柄操作、杠杆操作、电磁操作和电动机驱动 4 种；脱扣器有电磁脱扣器、过流脱扣器、热

脱扣器、复式脱扣器、欠压脱扣器、分励脱扣器等类型；灭弧装置一般采用金属栅片消弧罩。

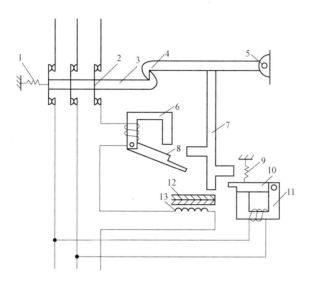

1—弹簧；2—主触头；3—触头连杆；4—锁钩；5—轴；6—电磁脱扣器；7—连杆；8，10—衔铁；
9—弹簧；11—欠压脱扣器；12—双金属片；13—热脱扣器的热元件

图 3-19　自动空气开关原理示意

（1）合闸时，操作机构克服弹簧 1 的拉力，将触头连杆 3 钩住锁钩 4，带动主触头 2 闭合而接通电路；分闸时，由操作机构顶开锁钩 4，主触头 2 在弹簧的作用下迅速断开。

（2）当通过正常工作电流时，电磁脱扣器 6 所产生的电磁吸力不足以吸合衔铁 8；当发生短路故障时，流过电磁脱扣器 6 线圈的电流很大，产生足够大的电磁吸力，吸合衔铁 8，同时通过连杆 7 顶开锁钩 4，使触头连杆 3 脱扣，主触头 2 在弹簧的作用下迅速断开，从而起到短路保护的作用。

（3）当线路过载时，热脱扣器的热元件 13 发热使双金属片 12 弯曲，通过连杆 7 顶开锁钩 4，触头连杆 3 脱扣，主触头 2 断开。

（4）当线路电压正常时，欠压脱扣器 11 将衔铁 10 吸合，一旦线路欠压或失压，欠压脱扣器 11 产生的电磁吸力减小或消失，衔铁 10 将被弹簧 9 拉开，同时通过连杆 7 顶开锁钩 4，使触头连杆 3 脱扣，主触头 2 断开。

自动空气开关相当于刀开关、熔断器、热继电器和欠压继电器的组合。它具有体积小、安装使用方便、操作安全等优点。在电路短路时，电磁脱扣器自动脱扣进行短路保护，故障排除后可以重新使用，因此自动空气开关被广泛用于配电、电动机、照明线路，以作为短路保护和过载保护，也用作线路不频繁转换及不频繁启动的交流异步电动机的控制。

自动空气开关的种类很多，常用的主要有 DZ 型塑料外壳（装置式）自动空气开关和 DW 型框架式（万能式）自动空气开关。后者多用于额定电流较大的场合，例如低压总进线开关或大中型电动机电源开关等，常用的有 DW15、DW16、DW17（ME）系列等。选煤厂使用的多为 DZ 型，用作电动机的电源开关或配电线路的总开关等，常用的型号有 DZ12、DZ20 系列。

二、低压熔断器

低压熔断器在低压电路中可与刀开关配合，作为小型动力的短路保护和照明线路的过流保护。低压熔断器主要由熔体（有的熔体装在具有灭弧作用的绝缘管中）、触头插座和绝缘底板组成。熔体常做成丝状或片状，熔体的金属材料有低熔点材料，如铅锡合金、锌等，也有高熔点材料，如银、铜、铝等。低压熔断器的核心是熔体。

低压熔断器在使用时，串联在被保护电器的电路中，当被保护电器发生短路故障时，有很大的故障电流流过熔体，熔体在自身产生的高温作用下熔断，迅速将故障电路切断，从而达到保护目的。低压熔断器熔体熔断所需的时间与通过熔体的电流成反比，电流越大，熔断越快，电流越小，熔断越慢，这种物性称为低压熔断器的反时限特性。

低压熔断器在低压配电线路中主要作为短路保护用。当低压熔断器通过的电流大于规定值时，利用它本身产生的热量，使熔体（熔丝）自身熔化，而自动分断电路。

1. 低压熔断器的分类

低压熔断器按结构的不同可分为开启式、半封闭式和封闭式。封闭式熔断器又分为有填料管式、无填料封闭管式和有填料螺旋式等。低压熔断器按用途的不同可分为一般工业用熔断器和保护硅元件用快速熔断器，具有二段保护特性的快慢动作熔断器和自复式熔断器等。

1）瓷插式熔断器

瓷插式熔断器属于无填料式熔断器，RC1A 系列是我国目前大量生产的瓷插式熔断器。它由瓷插、瓷底座、动静触头和熔体组成。瓷插和瓷底座由电工陶瓷制成，电源线和负载线分别接在瓷底座的静触头上，熔体接在瓷插两个动触头之间。熔体（即熔丝）一般采用铅锡合金圆线和锑铅合金圆线，当额定电流在 30 A 以上时，多采用铅锡合金圆线。

RC1A 系列瓷插式熔断器具有结构简单、价格便宜、更换熔体方便等优点，因此广泛用于照明和小容量电动机中，起保护作用。

2）无填料封闭管式熔断器

RM10 系列无填料封闭管式熔断器的外形如图 3-20（a）所示。熔断器的熔件用锌片冲制成变截面，如图 3-20（b）所示。由于熔件本身有宽有窄，因此在通过短路电流时，窄部因产生的热量来不及传导而首先熔断。当几处狭部同时熔断时，形成数段短电弧；数段宽部同时落下时又使电弧拉长，故加速电弧的熄灭。另外，纤维管壁在电弧的高温作用下分解出大量氢和二氧化碳气体，这些气体具有很好的灭弧性能，且使管内压力增大，也促使电弧快速熄灭。但这种熔断器不能在短路冲击电流到来之前熔断，故属于不限流熔断器。

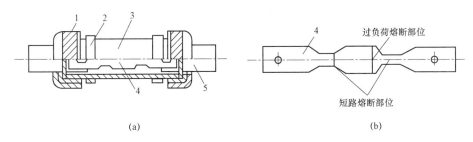

（a）　　　　　　　　　　　　　　　　（b）

1—铜帽；2—管夹；3—纤维管；4—变截面锌熔件；5—接触闸刀

图 3-20　RM10 系列无填料封闭管式熔断器

当过负荷电流通过无填料封闭管式熔断器时，由于窄部散热较好，因此熔件往往不在窄部熔断，而在宽窄之间的斜部熔断，如图 3-20（b）所示。这种熔断器由于采用了变截面熔件和纤维管外壳，因此提高了灭弧能力，且具有一定的过负荷保护性能。熔体熔断后，可将熔断管从底座上拔下并更换。

无填料封闭管式熔断器多用在手动启动器和磁力启动器中，用作短路保护。

3）有填料螺旋式熔断器

RL1 系列有填料螺旋式熔断器结构示意如图 3-21 所示。它由瓷帽、熔断管、瓷套、上接线端、下接线端及底座等部分组成。熔断管内装有熔丝（或片）、石英砂填料和熔断指示器（带有红点），当熔丝熔断时指示器跳出，可以通过瓷帽的玻璃窗口观察。由于在熔丝周围充填有石英砂，石英砂导热性能较好，热容量大，因此在熔丝熔断产生电弧时能大量吸收电弧热量，迅速熄灭电弧，从而

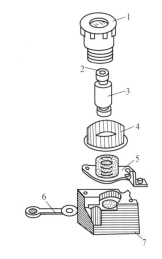

1—瓷帽；2—熔断指示器（红点）；
3—熔断器；4—瓷套；5—上接线端；
6—下接线端；7—底座

**图 3-21　RL1 系列有填料螺旋式
熔断器结构示意**

提高分断能力。有填料螺旋式熔断器在熔丝或熔片熔断后无法更换，只能整体更换熔断管。为了保证更换熔断管时的安全，电源进线应接在下接线端。

RL1系列有填料螺旋式熔断器为有限流作用的快速熔断器，具有分断能力强、熔断时间短、体积小、安全可靠、更换熔体方便等优点，常用于60 A以下的交流电路和保护硅变流装置中，用作短路保护。

4）有填料管式熔断器

RTO系列有填料管式熔断器结构示意如图3-22所示，由熔断管和底座两部分组成。其底座和RM10系列无填料封闭管式熔断器相似。熔断管由管体、熔体、指示器、石英砂填料组成。熔体用薄铜片冲制而成，采用变截面网形式且分成两半，中间用锡焊接在一起成为锡桥；锡桥在较低的温度下先熔化，铜质熔体和熔化的锡结合，变成具有较高电阻的低熔点合金而迅速熔断。熔体卷成笼状后放入熔断管内，再将它点焊在金属底板上，以保证熔体和接触闸刀良好接触。在熔体熔断后，熔断指示器自动弹出。

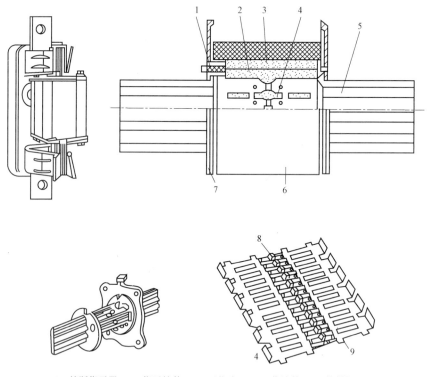

1—熔断指示器；2—指示熔件；3—石英砂；4—工作熔件；5—接触闸刀；
6—波纹方管；7—盖板；8—锡桥；9—点燃栅
图3-22 RTO系列有填料管式熔断器结构示意

RTO系列有填料管式熔断器由于具有限流作用，分断能力强，且分断时间短，因此广泛地应用于要求保护性能较好和断流能力较大的低压配电装置以及保护硅变流装置。

2. 低压熔断器的特性及选用

1）低压熔断器的特性

低压熔断器的动作时间与通过低压熔断器的电流的关系称为安秒特性，用曲线来表示，这是低压熔断器的一项重要特性，一般根据安秒特性选择熔体。

低压熔断器的熔化系数主要取决于熔体的金属材料。若属于低熔点材料，则在临界电流时发热对熔断器各部分温度影响不大，不致超过规定值，其熔化系数可取小些，但它的电阻率较大，在一定阻值时需有较大的截面面积，体积增大，熔断时会产生大量金属蒸气，不利于电弧熄灭，其分断能力也受到限制，所以低熔点材料只适宜作小电流的低压熔断器。若属于高熔点材料，则其电阻率较低，在一定阻值时所需截面面积较小，在熔化时金属蒸气较少，有利于电弧的熄灭，其分断能力较强。因此，高熔点材料一般用于大电流的低压熔断器。但是由于其熔点高，在过载熔断前常会引起低压熔断器过热，而影响其他部件，以致不能正常工作，所以熔化系数需取得较高。常应用"冶金效应"克服高熔点材料的缺点，即将铜丝中部焊上一点小锡球，当熔体温度上升到锡球熔化温度时，锡球熔成液态，使被包围的铜丝提前在数百摄氏度时就熔断。这样低压熔断器温度对其他部件影响不大，又可降低最小熔化电流，使较低的过载也能得到保护，有效地改善了保护特性。

2）低压熔断器的选用

选用低压熔断器要根据线路电压确定相应的电压等级。低压熔断器的额定电流一般应大于熔体的额定电流。某一额定电流等级的低压熔断器，可以选配几个不同额定电流等级的熔体。通常先确定选用熔体规格后，再根据熔体选择低压熔断器。

选择低压熔断器的注意事项如下：

（1）低压熔断器的保护特性必须与被保护对象的过载特性有良好的配合，使其在整个曲线范围内获得可靠的保护。

（2）低压熔断器的极限分断电流应大于或等于所保护电路可能出现的短路冲击电流的有效值，否则不能获得可靠的短路保护。

（3）在配电系统中，各级低压熔断器必须相互配合以实现选择性，一般要求前一级熔体比后一级熔体的额定电流大2～3倍，这样才能避免因发生越级动作而扩大停电范围。

（4）只有要求不高的电动机才采用低压熔断器作过载和短路保护，一般过载保护宜使用热继电器，低压熔断器只作为短路保护。

三、主令电器

主令电器主要用来切换控制电路，即控制接触器、继电器等电器的线圈，以控制电力拖动系统的启动与停止及改变系统的工作状态（如正转与反转等）。它是一种专门发号施令的电器，故称为主令电器。

1. 按钮开关

按钮开关是一种结构简单、应用非常广泛的主令电器。一般情况下，它不直接控制主电路的通断，而在控制电路中发出手动"指令"去控制接触器、继电器等电器，再由它们控制主电路。按钮开关可用来转换各种信号线路与电气联锁线路等。按钮开关的触头允许通过的电流很小，一般不超过 5 A。其外形和结构示意如图 3-23 所示。

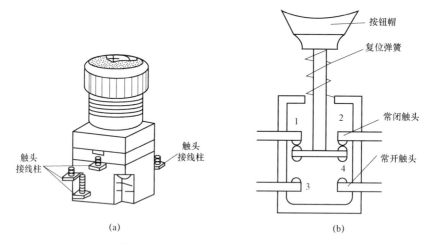

图 3-23　按钮开关的外形和结构示意

（a）外形；（b）结构示意

按钮开关一般由按钮帽、复位弹簧、桥式动触头、静触头和外壳组成。按钮开关按用途和触头的结构不同分为停止按钮（常闭按钮）、启动按钮（常开按钮）及复合按钮（常开、常闭组合按钮）。

为了便于识别各个按钮的作用，避免误操作，通常在按钮上作出不同标志或涂以不同的颜色，一般常以红色表示停止按钮，以绿色或黑色表示启动按钮。

常用的按钮开关有 LA1O 系列、LA18 系列、LA19 系列、LA20 系列、LA30 系列。

2. 位置开关

位置开关（旧称行程开关或限位开关）主要用于生产机械的行程控制和限位

保护，它利用生产机械某些运动部件的碰撞使其触点动作来接通和分断电路，将机械设备的位移信号转变成电信号以控制运动部件的位置。根据结构的不同，可将它分为直动式位置开关和滚轮式位置开关两大类。

（1）直动式位置开关的结构与按钮开关相似，不同的是，直动式位置开关具有一个突出的触头，在使用时将位置开关固定在某一预定位置上，当生产机械运动部分的挡块触碰触头时，即将位置开关的触头打开或闭合。此种开关在机械低速运动的情况下（速度小于 0.4 m/min）不能采用，因为触头在缓慢接通和断开时将被烧毁。

（2）滚轮式位置开关动作的快慢不依赖于机械碰触速度的快慢，而是由弹簧的瞬时动作来完成的。图 3-24 所示为其动作原理，当开关的滚轮 1 受到来自右边的挡块碰触时，上转臂 2 向左转动，并压缩弹簧 8，同时下端的小滑轮 6 沿触头推杆 7 向右滚动，因此使弹簧 5 也受到压缩。当小滑轮 6 滚过触头推杆 7 的中点后，弹簧 5 推动触头推杆 7 迅速转动，使动触头 12 迅速地与右边的静触头 11 分开，并与左边的静触头闭合。其动作快慢仅由弹簧 5 决定，而与机械挡块的运动速度无关，这样就减轻了对触点的烧蚀。

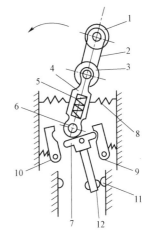

1—滚轮；2—上转臂；3—力弹簧；4—套架；
5，8—弹簧；6—小滑轮；7—触头推杆；
9，10—压板；11—静触头；12—动触头

图 3-24　滚轮式位置开关的动作原理

位置开关的种类很多，常用的有 LX31、LX32、LX33、JW2 及国外引进生产的 3SE 等系列。

四、接触器

接触器是常用的控制电器之一，它是利用电磁铁的磁吸力及释放弹簧反作用力配合动作，使触头闭合和分断的一种控制电器，适用于远距离频繁接通和分断电路，主要用于控制电动机，也可用来控制其他电力负荷。

接触器按其主触头通断电流的性质可分为交流接触器和直流接触器。接触器一般由以下几个部分构成：

（1）电磁系统：包括铁芯和吸力（引）线圈；

（2）触头和导电系统：包括主触头、辅助触头和连接线等；

（3）消弧系统：包括消弧线圈和消弧罩；

（4）其他部分：包括底板、弹簧和闭锁装置等。

1. 交流接触器

图 3-25 所示为 CJ12 系列交流接触器的结构示意。它采用 U 形铁芯、拍合式动作。当电磁线圈 8 通电后，衔铁 7 被吸合，带动转轴 5 转动，固定在转轴上的 3 个动触头 3 压向静触头 2 接通主电路。当电磁线圈 8 断电后，衔铁 7 在弹簧 9 和自身重力的作用下复位，使静触头 2 与动触头 3 分离，从而断开主电路。辅助触头 10 的操纵机构与转轴 5 有机械上的联系，当主触头闭合或分断的同时，辅助触头也随之进行闭合或分断状态的转换。

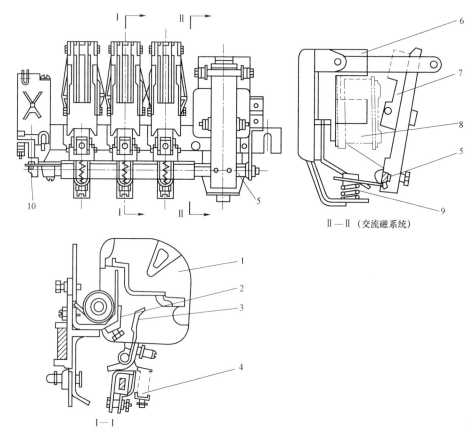

1—消弧罩；2—静触头；3—动触头；4—静触点弹簧；5—转轴；6—静铁芯；7—衔铁；
8—电磁线圈；9—弹簧；10—辅助触头

图 3-25 CJ12 系列交流接触器的结构示意

由于电磁线圈中通过的是单相交流电流，铁芯中产生的是交变磁通，所以当磁通过零时，铁芯对衔铁的吸力为零，这将引起吸合后的电磁铁产生振动和噪声。为了消除这种现象，简单有效的方法是加装短路环。如图 3-26（a）所示，铁芯端面加装短路环后，通过端面的磁通分 Φ_1、Φ_2 两个部分。Φ_2 穿过短路环，会在环中产生感生电流，根据楞次定律，感生电流要阻碍磁通的变化，所以 Φ_2 必然滞

后 Φ_1 一个角度 φ，如图 3–26（b）所示。从图中可以看出，因为 Φ_1、Φ_2 不同时过零，所以吸力没有为零的时候，这大大减小了铁芯的振动。

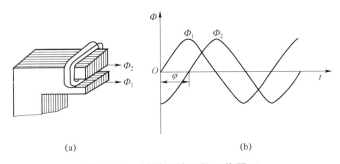

（a）　　　　　　　　　　　　　　（b）

图 3－26　铁芯短路环的工作原理

交流接触器广泛地采用金属灭弧栅进行分段灭弧。灭弧栅由许多喷铜铁片制成，并将其装在灭弧罩内，每对主触头各装一个灭弧罩。

常用的交流接触器有 CJ12、CJ20、CJ40 等系列及西门子公司的 3TB 系列，BBC 公司的 B 系列，另外 3KJ 系列交流真空接触器应用也较广泛。

2. 直流接触器

直流接触器的工作原理和结构基本上与交流接触器相同。直流接触器采用直流电磁铁操作。电磁铁的导磁体用整块软铁制成，电磁线圈为电压线圈，用细漆包线绕成，以增大线圈电阻和减少铁芯的剩磁，常在衔铁和铁芯之间加入非磁性垫片。直流接触器通常做成单极的，只有用于小电流时才制成双极的。辅助触头多采用桥式触头且有若干对，灭弧装置均采用磁吹式灭弧装置，以利于直流电弧的熄灭。

常用的直流接触器有 CZ1、CZ3、CZ0 等系列。

直流接触器也要按照使用类别选用，对 ZK1 类轻负荷任务的接触器，在控制直流并励电动机（ZK1 类和 ZK3 类的轻和重负荷混合工作制）、直流串励电动机及高电感直流电磁铁时，接触器必须适当降低容量或降低电寿命。由于直流接触器一般均采用磁吹灭弧结构，存在断开临界电流的问题，所以接触器在降低容量后的额定工作电流不应低于额定电流的 20%。

用于控制直流起重电磁铁时，由于高电感性负荷，时间常数大，为保证可靠使用，往往在电磁铁绕组两端并联一只不大于绕组电阻 6 倍阻值的电阻。

3. 接触器的使用维护

1）接触器在安装前的检查：

（1）应检查接触器的铭牌和绕组上的额定电压、电流、操作频率和通电持续率等参数是否符合实际使用要求。

（2）用手分合接触器的活动部分，要求接触器动作灵活且无卡住现象。

（3）将铁芯极面上的防锈油擦净，以免油垢黏滞而造成接触器断电不释放。

（4）检查与调整触头的开距、超程、初压力和终压力等工作参数，并使各极触头动作同步。

2）接触器的安装和调整

（1）安装接线时，应注意勿使螺钉、垫圈、接线头等零件失落，以免落入接触器内部而造成卡住或短路现象。在安装时，应将螺钉拧紧，以防振动松脱。

（2）检查接线正确无误后，应在主触头不带电的情况下，先使吸引线圈通电分、合数次，检查接触器动作是否可靠，然后才能投入使用。

（3）为保证可逆转换的接触器联锁可靠，除装有电气联锁外，有些还加装有机械联锁机构。

3）接触器的运行使用维护

（1）对运行中的接触器应定期检查各部件。对于有损坏的零部件，应及时修换。使可动部分不卡住，紧固件无松脱。

（2）在检修接触器时，应切断电源，且进线端应有明显的断开点。

（3）触头表面应经常保持清洁，不允许涂油，当触头表面因电弧作用而形成金属小珠时，应及时铲除。当触头严重磨损后，应及时调整超程，当厚度只剩下1/3时，应及时调换触头。应注意，银及银基合金触头表面在分断电弧中生成的黑色氧化膜接触电阻很低，不会造成接触不良现象，因此不必锉修，否则将会大大缩短触头寿命。

（4）清除灭弧罩内的碳化物和金属颗粒，以保持其良好的灭弧性能。

原来带有灭弧室的接触器绝不能不带灭弧室使用，以防发生短路事故。如陶土灭弧室，其性脆易碎，应避免碰撞，如发现有碎裂现象，应及时调换。

五、继电器

继电器随电路的某些参数（如电流、电压、时间等）的变化而动作，用来接通或分断控制系统中的电路。低压控制系统中采用的控制继电器大部分为电磁式继电器，其构造和工作原理与接触器相似，由电磁系统、触头系统等组成。由于继电器用于控制电路中，触头分断电流小，所以不设灭弧装置。

1. 电磁式继电器

电磁式继电器的典型结构示意如图3-27所示。电磁系统为U形拍合式，铁芯和铁轭为一整体，减小了铁芯中的气隙，衔铁制成板状绕棱角转动，当电磁线圈不通电时，衔铁靠反力弹簧打开；在电磁线圈通电后，衔铁被吸合，带动触头系统完成闭合式分断状态的转换。

电磁式继电器包括电磁式电流继电器和电磁式电压继电器两种，它们在结构上除了吸引线圈不同，其他基本相同。

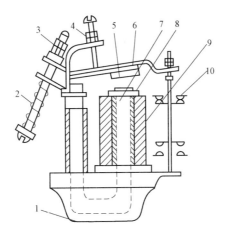

1—座底；2—反力弹簧；3、4—调节螺钉；5—非磁性垫片；6—衔铁；7—铁芯；
8—极靴；9—电磁线圈；10—触头系统

图 3-27　电磁式继电器的典型结构示意

1）电磁式电流继电器

电磁式电流继电器反映的是电流的变化，电磁线圈串联在被测电路中，其特点是导线粗而匝数少，其种类除一般的电流继电器外，还有控制保护用的过电流继电器和欠电流继电器。

（1）过电流继电器在正常工作时，衔铁不动作。当电流超过某一整定值时，衔铁被吸合。

（2）欠电流继电器是当电流降至某一整定值时，继电器衔铁释放，因此在电路正常工作时，衔铁是吸合的。

2）电磁式电压继电器

电磁式电压继电器反映的是电压的变化，电磁线圈并联在被测电路中，其特点是导线细而匝数多。电磁式电压继电器有过压、欠压、零压继电器之分，分别用于监测电路的不同电压并作出反映。一般来说，过压继电器是在电压为 110%～115%U_e 以上时动作，对电路进行过压保护；欠压继电器是在电压为 40%～70%U_e 时动作，对电路进行欠压保护；零压继电器是当电压降至 5%～25%U_e 时动作，对电路进行零压保护。具体动作电压可根据需要进行整定。

2. 时间继电器

在控制电路中，时间继电器广泛用于控制生产过程中按时间原则制定的工艺过程，如按时间原则切除绕线型电动机的转子电阻、笼型电动机自动 Y-△ 启动控制等。

时间继电器的特点是当接到控制信号时，其触头延时动作。

时间继电器的种类很多，根据动作原理可分为电磁式、电子式、气动机、钟表机构式和电动式等。

图 3-28 所示为 JS7 系列空气阻尼式时间继电器的动作原理示意。当线圈 2 通电时，衔铁 3 及固定在其上的挡板 4 被静铁芯 1 吸引而左移，这时活塞杆 10 和挡板 4 之间出现一段空隙，在弹簧的作用下活塞杆开始向左移动，但由于橡皮膜受到空气的阻尼作用，活塞杆只能缓慢移动。经过一定时间后，与活塞杆连动的杠杆 5 触动微动开关 6，使其常开触头闭合，常闭触头断开。当线圈 2 失电时，衔铁 3 释放，由于空气室排气较快（由进气孔和排气孔同时向外排），活塞杆 10 在衔铁 3 的推动下迅速右移，使触头复位。

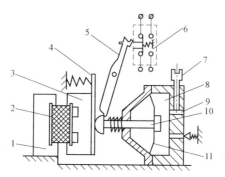

1—静铁芯；2—线圈；3—衔铁；4—挡板；5—杠杆；6—微动开关；7—调节螺钉；
8—气室；9—进气口；10—活塞杆；11—橡皮膜

图 3-28 JS7 系列空气阻尼式时间继电器的动作原理示意

继电器延时时间的长短取决于空气室的进气量。进气量大，空气对橡皮膜的阻尼作用小，活塞杆移动快，则延时时间短；进气量小，空气对橡皮膜的阻尼作用大，活塞杆移动慢，则延时时间长。调节进气孔的调节螺钉，就可调节空气室的进气量，即可调节延时时间。它的延时范围为 0.4~180 s，可用作通电延时，也可以方便地改变电磁机构的位置以获得断电延时。

近年来，数字式 JSS 系列、电子式 JSF 系列、ST 系列等时间继电器由于采用了先进的技术，具有无机械磨损、工作稳定可靠、精度高、计数清晰、结构新颖等优点，已被广泛应用。

3. 中间继电器

中间继电器是将一个输入信号变成一个或多个输出信号的继电器。它的输入信号为线圈的通电或断电，输出是触头的动作将信号同时传给几个控制电器或回路。

中间继电器的原理与接触器完全相同。所不同的是中间继电器的触头对数较多，并且没有主、辅之分，各对触头允许通过的电流大小是相同的，其额定电流约为 5 A。由于其触头数目多、触头容量大，在控制电路中主要起中间放大作用。

常用的中间继电器有 JZ7 系列和 JZ14 系列。

4. 热继电器

热继电器是利用电流的热效应原理工作的继电器。它依靠电流通过发热元件产生的热，使热膨胀系数不同的双金属片受热弯曲，从而推动机构动作。热继电器主要用于电动机的过载保护、断相与电流不平衡运行的保护及对其他电气设备发热状态的控制。

1）两相结构的热继电器

图 3-29 所示是我国统一设计的 JR15 系列热继电器的结构原理示意。它包括主双金属片 1、2 与两个发热元件 3、4。发热元件串联在电动机主回路的两相电路中，当电动机过载时，发热元件产生的热量足以使主双金属片 1 或 2 弯曲，推动导板 5 移动，导板 5 又推动温度补偿双金属片 6 与推杆 7，使动触头 8 与静触头 9 分离。因为这两个触头组成的动断（常闭）触点是串联在接触器的线圈控制回路中的，所以使接触器线圈断电触头释放，从而切断电动机的电源。

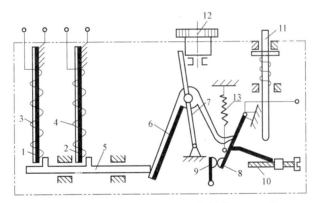

图 3-29　JR15 系列热继电器的结构原理示意
1，2—主双金属片；3，4—发热元件；5—导板；6—温度补偿双金属片；7—推杆；
8—动触头；9—静触头；10—螺钉；11—复位按钮；12—凸轮；13—弹簧

当环境温度改变时，主双金属片会发生变形，从而引起一定的动作误差。温度补偿双金属片 6 的作用，是当环境温度发生变化引起主双金属片 1 或 2 变形时（假设向右弯曲），补偿双金属片也会发生同样的变形（向右弯曲），这就使热继电器在同一整定电流下动作行程不变。热继电器的吸合电流是通过凸轮 12 调节的，转动凸轮 12 便改变了推杆的起始位置，也就改变了吸合电流值。

2）三相结构带断相保护的热继电器

三相电源的断相是引起电动机过载和烧坏电动机的主要原因之一。由于电动机的接线方式不同，一般的热继电器不能对电动机提供完善的断相保护。JR16 系列热继电器是为解决电动机断相保护而设计的，主要利用双金属片的差动原理来控制热继电器的动作，从而实现断相保护。差动式断相保护装置的原理示意如图 3–30 所示，其中图 3–30（a）所示为通电前的位置，图 3–30（b）所示为三相均通有额定电流时的情况，此时由于三相主双金属片 5 均匀受热，并向左弯曲，所以内导板 4 和外导板 2 同时平移。当三相均匀过载时［如图 3–30（c）所示］，三相主双金属片都受热弯曲，推动内、外导板左移，通过补偿双金属片 6 压迫弹簧 7，使触头 3 分断，从而切断控制回路，实现过载保护。假设电动机发生断相故障（设右边一相断相），如图 3–30（d）所示，则该相主双金属片冷却带动内导板 4 向右移，而未断两相的主双金属片带动外导板 2 左移，这一左一右的差动作用通过杠杆 1 的放大，将使热继电器迅速动作，切断控制回路，实现断相保护。

常用的热继电器有 3UA5、3UA6 系列和 D 系列。

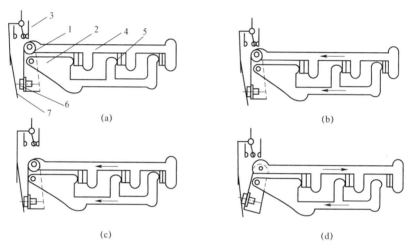

1—杠杆；2—外导板；3—触头；4—内导板；5—主双金属片；6—补偿双金属片；7—弹簧

图 3–30 差动式断相保护装置的动作原理示意

（a）通电前的位置；（b）三相通有额定电流；（c）三相均衡过载；（d）电动机发生一相断线故障

第四章

电力拖动的基本知识

选煤厂生产机械绝大多数需要由电动机来拖动。各种机械由于作用和工作原理不同，所选用的电动机以及控制线路也各不相同，因此，掌握电力拖动的基本知识对正确操作和维护各种生产机械及电气设备有很大的帮助。

电动机带动生产机械运动称为电力拖动。电力拖动系统一般包括电动机、电动机的控制和保护电器、电动机与生产机械的传动装置。本章介绍常用的控制和保护电器以及交流电动机的基本控制线路。

第一节　电气控制系统图的基本知识

电气控制系统是由许多电器元件按一定要求连接而成的。为了表达电气控制系统的结构、原理等设计意图，便于电气控制系统的安装、调试、使用和维修，而将电气控制系统中各电器元件及其连接用规定的图形表达出来，这种图就是电气控制系统图。

电气控制系统图一般可分为电气原理图、电器元件布置图、电气安装接线图。在图上用不同的图形符号表示各种电器元件，用不同的文字符号表示设备及线路的功能、状态和特征，各种图有其不同的用途和画法。

一、电气图形符号和文字符号

绘制电气控制系统图用的图形符号和标注各种电器元件用的文字符号都应采用由国家统一规定的标准，即应符合国家标准化管理委员会颁布的 GB/T 4728.1—2005《电气图用图形符号总则》及 GB/T 6988.1—1997《电气制图　术语》的规定。表 4-1 所示为常用电气图形符号和文字符号。

表 4-1 常用电气图形符号和文字符号

编号	名称	图形符号（GB/T 4728.1—2005）	文字符号（GB 7159—1987）	编号	名称	图形符号（GB/T 4728.1—2005）	文字符号（GB 7159—1987）
	电动机			2	三相自耦变压器		T
1	三相鼠笼式异步电动机		M		开关		
	三相绕线式异步电动机				单极开关		
	串励直流电动机			3	三极开关		QS
	他励直流电动机		MD		刀开关		
	并励直流电动机				组合开关		
	复励直流电动机				三极空气断路器（自动开关）		QF
	变压器				控制器或操作开关		SA
2	单相变压器		T				
	控制电路变压器	或	TC				
	照明变压器		T				
	整流变压器						

续表

编号	名称	图形符号（GB/T 4728.1—2005）	文字符号（GB 7159—1987）	编号	名称	图形符号（GB/T 4728.1—2005）	文字符号（GB 7159—1987）
4	按钮			6	带灭弧装置的动断触头		KM
	常开按钮		SB		动合触头		
	常闭按钮				动断触头		
	复合按钮				继电器		
5	位置开关			7	电磁继电器线圈（一般符号）		KA
	动合触头		SQ		欠电压继电器线圈	U<	FV
	动断触头				过电流继电器线圈	I>	FA
	复合触头				动合触头		符号同操作元件
6	接触器				动断触头		
	线圈		KM				
	带灭弧装置的动合触头						

编号	名称	图形符号（GB/T 4728.1—2005）	文字符号（GB 7159—1987）	序号	编称	图形符号（GB/T 4728.1—2005）	文字符号（GB 7159—1987）
7	中间继电器		KA	9	热继电器的发热元件		FR
	速度继电器		KA		热继电器的常闭触头		
	电压继电器		KA	10	照明灯		FL
8	时间继电器线圈（一般符号）		KT		信号类		HL
	缓放时间继电器线圈				电抗器	或	L
	缓吸时间继电器线圈				电磁铁		YA
	延时闭合的动合触头				电磁吸盘		YH
	延时断开的动合触头						
	延时闭合的动断触头			11	操作件和操作方法		
	延时断开的动断触头					——一般情况下的手动操作 ——旋转操作 ——推动操作	

二、电气原理图

电气原理图采用电器元件展开的形式绘制而成。它包括所有电器元件的导电部件和接线端点，而不按电器元件的实际布置位置绘制，也不反映电器元件的大小。

电气原理图结构简单、层次分明，便于研究、分析电路的工作原理，在设计部门及生产现场得到了广泛的应用。

绘制电气原理图时应遵循以下原则：

（1）所有电器元件均采用国家标准规定的图形符号和文字符号。

（2）主电路（从电源到电动机的大电流电路）用粗实线表示。辅助电路（包括控制电路、照明电路等小电流电路）用细实线表示。

（3）同一元件的不同部位，可以根据需要画在有关的线路中。同一元件，用同一文字符号表示。

（4）各个电器元件均按没有通电或不受外力作用时的正常状态画出。

（5）无论是主电路还是辅助电路，各个电器元件应按动作顺序，从上到下、从左到右依次排列。

（6）对有直接电联系的交叉导线连接点，要用黑圆点"•"表示。

（7）为了维修、安装方便，所有接线端子都标有数字号码。主电路的接线端子用一个字母，下标用 1～2 位数字表示。辅助线路的接线端子仅用数字编号。通常以电路中压降最大的元件（一般为电器线圈）为界，左边用奇数标注，右边用偶数标注。异步电动机用接触器直接启动的线路原理示意如图 4-1 所示。

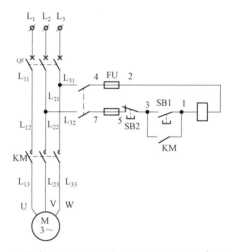

图 4-1 异步电动机用接触器直接启动的线路原理示意

三、电气元件布置图

电气元件布置图主要用来表明电气设备所有电器的实际位置，为生产机械用电气设备的制造、安装、维修提供必要的资料。

四、电气安装接线图

用规定的图形符号，将各电器元件相对位置绘制出来的实际接线图叫作电气安装接线图。它在具体的电气施工和检修中有重要作用，在生产现场得到了广泛应用。它与电气原理图是相辅相成的两个方面。

绘制电气安装接线图应遵循以下原则：

（1）将一个元器件的各个部分画在一起。

（2）对于同一个控制板上的各元器件，用线条表示它们之间的连接关系。凡是走向一致的线条，仅用一根线表示。

（3）控制板内与控制板外元器件的连接，应经过接线端子板。

（4）电气安装接线图中的符号和标注应与电气原理图一致。

（5）图中应表明所用连接线、走线管的型号、规格和尺寸。

图4-2所示为三相鼠笼式异步电动机用接触器直接启动线路的安装接线示意。

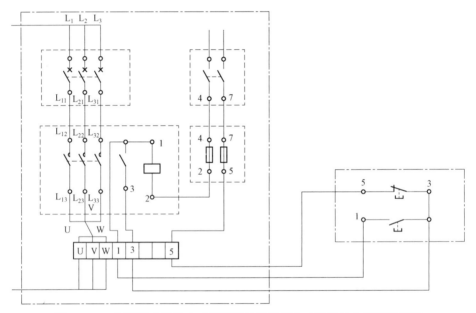

图4-2 三相鼠笼式异步电动机用接触器直接启动线路的安装接线示意

第二节 三相鼠笼式异步电动机直接启动的控制

三相鼠笼式异步电动机一般安装在不需要调速的设备上，选煤厂中大多使用这种电动机。对三相鼠笼式异步电动机的控制包括对启动、正反转及停车的控制。三相鼠笼式异步电动机的启动有两种方法：一种是直接启动，又叫全压启动；另一种是降压启动。本节仅介绍三相鼠笼式异步电动机直接启动的控制。

　　直接启动仅限于小容量电动机，这是因为交流异步电动机在启动瞬间，定子绕组中流过的电流可达额定电流的4～7倍。容量较大的电动机则直接启动，很大的启动电流使线路产生过大的电压降，不仅影响同一线路上其他负荷的正常工作，而且电动机本身绕组过热，使绝缘老化，缩短使用寿命，甚至会烧毁电动机。所以，对较大容量的电动机（通常在40～75 kW及以上）要采用降压启动。下面介绍小容量三相鼠笼式异步电动机直接启动的控制。

一、点动控制线路

　　图4-3所示为三相鼠笼式异步电动机点动控制线路。380 V交流电源经低压断路器QF、接触器KM的主触点，接至电动机M，组成主电路；按钮SB和接触器线圈串联组成控制电路。该线路的工作原理如下：

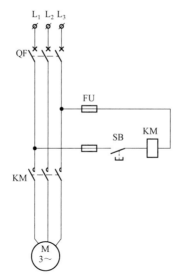

图4-3　三相鼠笼式异步电动机点动控制线路

　　启动时，合上低压断路器QF。此时接触器KM尚未动作，其主接触器未闭合，电动机不转。按下按钮SB，控制电路接通，接触器KM线圈中有电流流过，衔铁吸合，带动主触头动作，接通主电路，电动机启动。

　　停车时，松开按钮SB。控制电路断开，接触器KM线圈断电，衔铁在释放弹簧的作用下释放。KM的主触头断开，电动机停转。

　　这种点动控制电路用于频繁启动和停止的生产机械，如吊装设备用的行车、电动葫芦等。

二、具有过载保护功能的正转控制线路

图 4-4 所示为具有过载保护功能的正转控制线路。该线路在主回路中串联接入了热继电器 FR 的发热元件，在控制电路中，在启动按钮（常开按钮）SB$_2$ 两端并联接触器 KM 的一对常开辅助触头，控制电路中同时又串联了一个停止按钮（常闭按钮）SB$_1$ 和热继电器 FR 的常闭触头。该电路的工作原理如下：

启动时，合上电源开关 QF，按下启动按钮 SB$_2$，控制电路接通，接触器 KM 线圈得电；其触头动作，主触头闭合，接通主电路，电动机启动；同时，常开辅助触头也闭合，将启动按钮 SB$_2$ 两端短接，这时，即使松开 SB$_2$，控制

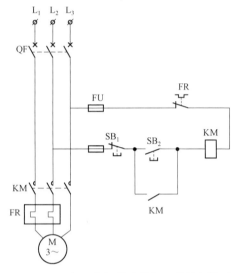

图 4-4　具有过载保护功能的正转控制线路

电路仍然能通过 KM 的常开辅助触头形成回路，接触器继续保持吸合状态，电动机仍可连续运行下去。这种通过并联在启动按钮两端的接触器常开辅助触头来保持电动机连续运行的功能称为自锁，这对常开辅助触头称为接触器的自锁触头。

停车时，按下停止按钮 SB$_1$，控制电路断开，接触器 KM 的线圈失电，KM 主触头断开，电动机 M 停转，KM 常开辅助触头断开，解除自锁，为下次启动作准备。

这种线路不仅具有自锁功能，而且具有过载保护功能。若电动机长时过载，过载电流使 FR 的双金属片弯曲并带动常闭触头动作，切断控制电路，使接触器 KM 线圈失电，主触头断开，切断主电路，电动机停转，从而起到过载保护的作用。

三、正反转控制

许多生产机械要求具有上下、左右、前后等相反方向的运动，这就要求电动机能够正反转。对于三相交流异步电动机，改变其定子绕组三相交流电的相序，定子绕组所产生的旋转磁场的方向也随之变化，因此可以通过改变供给定子绕组三相交流电的相序来使电动机反转。常用的正反转控制线路的方法有倒顺开关控

制和接触器控制等。下面介绍用接触器控制电动机正反转的控制线路。

图 4-5 所示为接触器联锁的正反转控制线路。图中的两个接触器即正转用的接触器 KM_1 和反转用的接触器 KM_2 分别由正转按钮 SB_1 和反转按钮 SB_2 控制。接触器 KM_1 和 KM_2 的主触头不能同时闭合，否则会导致主电路相间短路。因此，要求接触器 KM_1 和 KM_2 线圈不能同时得电，正反转工作时必须有联锁关系。

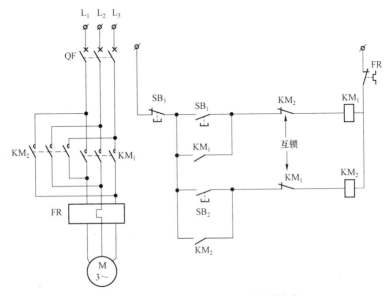

图 4-5　接触器联锁的正反转控制线路

"联锁"也称为"互锁"，是指利用控制电器的常闭触头，使控制线路相互制约，使一个电路工作，而另一个电路绝对不能工作的相互制约的作用。实现联锁作用的触头称为联锁触头。与联锁触头相联系的这一部分线路又称为联锁控制线路或联锁控制环节。

图 4-5 所示线路是利用两个接触器的常闭辅助触头 KM_1 和 KM_2 串联到对方接触器线圈所在的支路里，即 KM_1 的常闭触头串联于 KM_2 线圈所在的支路；KM_2 的常闭触头串联于 KM_1 线圈所在的支路。这样，当正转接触器 KM_1 线圈通电时，串联在反转接触器 KM_2 线圈支路中的 KM_1 常闭触头断开，从而切断了 KM_2 支路，这时即使按下反转按钮 SB_2，反转接触器 KM_2 线圈也不会通电。同理，在反转接触器 KM_2 通电时，即使按下正转按钮 SB_1，正转接触器 KM_1 线圈也不会通电，这样就能保证不发生电源线间短路的事故。

图 4-5 所示线路的动作是先合上电源开关 QF，然后按下列程序进行。

（1）正转控制：

按正转按钮SB₁→KM₁线圈获电
- KM₁常开自锁触头闭合（接通正转控制电路）
- KM₁主触头闭合 —— 电动机M正转
- KM₁常闭触头断开实现联锁（切断反转控制电路）

（2）反转控制：

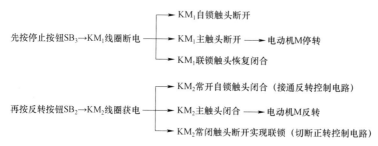

先按停止按钮SB₃→KM₁线圈断电
- KM₁自锁触头断开
- KM₁主触头断开 —— 电动机M停转
- KM₁联锁触头恢复闭合

再按反转按钮SB₂→KM₂线圈获电
- KM₂常开自锁触头闭合（接通反转控制电路）
- KM₂主触头闭合 —— 电动机M反转
- KM₂常闭触头断开实现联锁（切断正转控制电路）

这种接触器联锁的正反转控制线路也存在一个缺点，如需要电动机从一个旋转方向改变为另一个旋转方向时，必须首先按下停止按钮 SB₃，然后再按下另一方向的启动按钮。假如不先按下停止按钮，因联锁作用就不能改变旋转方向。也就是说，要使电动机改变旋转方向，需要按动两个按钮，这对于频繁改变运转方向的电动机来说是很不方便的。

图 4-6 所示的双重联锁的正反转控制线路克服了图 4-5 所示线路的缺点，它除利用接触器 KM₁ 和 KM₂ 的常闭触头联锁外，还用正反转按钮进行联锁。图中正反转按钮均为复合按钮，在操作时，常开触头和常闭触头并不同时动作，而是常闭触头先断开，常开触头才闭合。首先合上电源开关 QF，然后按下列程序进行：

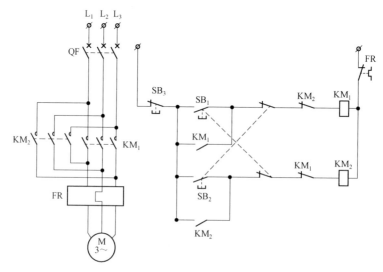

图 4-6　双重联锁的正反转控制线路

若电动机处在反向转动期间，可直接按下按钮 SB_1，这时接触器 KM_2 线圈失电，接触器 KM_1 线圈得电，电动机又恢复正转，过程基本与上述相同。反转控制过程的原理和正转控制过程完全相同，这里不再赘述。

停车时，只需按下按钮 SB_3，接触器线圈 KM_1 或 KM_2 失电，电动机停止运行，所有开关触头恢复失电状态，为下次启动作准备。

图4-5、图4-6所示的正反转控制线路在选煤厂中是很常见的，如小绞车及原煤带式输送机等设备的控制。

交流异步电动机单向运行及正反转运行也可采用磁力启动器来控制。磁力启动器是一种低压配套自动化电气设备，由接触器、热继电器和按钮等组成。磁力启动器有不可逆式和可逆式两类：不可逆式磁力启动器由一个接触器、一个热继电器和控制按钮组成，用来控制电动机的单向运行；可逆式磁力启动器由两个接触器、一个热继电器和控制按钮等组成，用来控制电动机的正反转运行。磁力启动器有3个进线端和3个出线端，在使用时，只需将3个进线端与三相交流电源相连，3个出线端接至电动机，即可直接控制电动机的运行。这种低压配套自动化电气设备的优点是使用方便，不需要进行内部接线。磁力启动器有QC8、QC9、QC10、QC12等多种系列。使用时，根据被控电动机的容量和使用条件，选用相应系列等级的磁力启动器即可。

第三节　电动机控制的几个常用的控制环节

各种生产机械由于工作要求不同，对电力拖动系统的要求也不同，电动机控制电路也不同。但许多控制环节是各种电路都必须具备的，如短路保护、过载保护等，也有些环节是控制电路中经常出现的。下面对几种常用的控制环节进行分析。

一、多地控制

有些生产要求不仅能够就地操作，而且能够远距离操作，或者能在多处对其进行操作，这时就要用到多地控制环节。实现多地控制很简单，只要将若干个安装在不同地点的停止按钮串联、启动按钮并联，按动任何一个停止按钮都可以控制停车，按动任何一个启动按钮都可以启动电动机，这样就达到了多地控制的目的。图 4-7 所示为对某台电动机（设备）进行两地控制的线路，SB_1 和 SB_2 为就地控制按钮，SB_3 和 SB_4 为远程控制按钮，其中停止按钮 SB_1 和 SB_3 串联，启动按钮 SB_2 和 SB_4 并联。

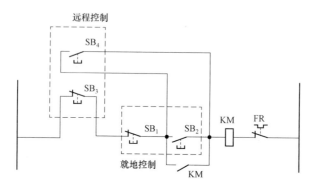

图 4-7 两地控制线路示意

二、顺序控制

许多生产企业要求其生产机械按一定的顺序动作，如选煤厂要求全厂设备逆煤流方向启动，顺煤流方向停车，这就要求对拖动这些生产设备的电动机进行顺序控制。

顺序控制原则可以归纳为：若要求在甲接触器动作后，乙接触器才能动作，则需要把甲接触器的常开辅助触头串接在乙接触器线圈电路中，如图 4-8 所示的两台电动机的顺序控制线路，要求电动机 M_1 启动后，电动机 M_2 才能启动。如图 4-8（b）所示，把接触器 KM_1 的常开辅助触头串接在接触器 KM_2 线圈电路中，这样在电动机 M_1 未启动（KM_1 未动作）时，即使按下按钮 SB_4，由于串接在 KM_2 线圈回路中的 KM_1 的常开辅助触头是断开的，所以 KM_2 线圈不会得电，电动机 M_2 也不会启动。只有当 KM_1 得电，电动机 M_1 启动后，再按下按钮 SB_4，KM_2 线圈才能得电，M_2 才能启动。这就可以保证电动机 M_1、M_2 始终按先后顺序启动。

在图 4-8（a）所示的控制线路中，在停车时，可以先停 M_1（按下按钮 SB_1），也可以先停 M_2（按下按钮 SB_3），M_1 和 M_2 的停车是无顺序的。在图 4-8（b）所示的控制线路中，由于把接触器 KM_2 的常开触头与按钮 SB_1 并联，因此，只有在接触器 KM_2 失电，常开触头断开后，按钮 SB_1 的操作才有效，才能将 M_1 停车，即必须 M_2 停车在先，M_1 才能停车，启动控制与停车控制均按一定顺序进行。

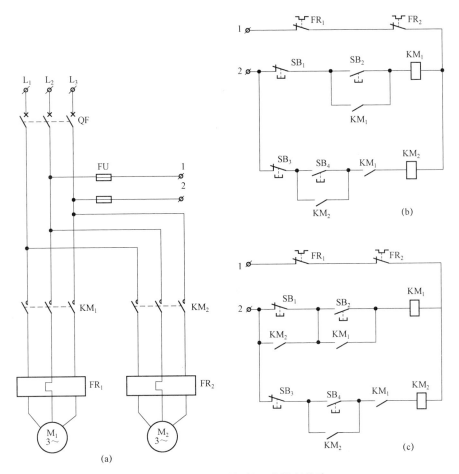

图 4-8　两台电动机的顺序控制线路

三、联锁控制

在图 4-5 所示的控制线路中用到了接触器联锁；在图 4-6 所示的线路中除了接触器联锁以外，还有按钮联锁。联锁控制在以后的电路中还将大量出现，是一种很常见的控制环节。联锁控制在多数情况下是利用接触器联锁。接触器联锁的控制原则可以归纳为：若要求在甲接触器动作时乙接触器不能动作，则需将甲接触器的常闭辅助触头串联在乙接触器线圈电路中，反之亦然。

四、时间控制

许多生产机械除了要求按某种顺序完成动作外，有时还要求各种动作之间要有一定的时间间隔，这就要用到时间控制。时间控制是利用时间继电器实现的。时间继电器在接到控制信号以后，其触头并不立即动作，而是在延时一段时间后动作，即接通或断开相应的控制电路。根据生产机械的要求不同，可以选择不同延时的时间继电器来控制。下面以图4-9所示线路为例分析时间控制。

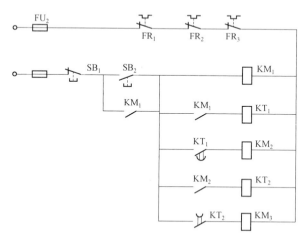

图4-9 3台电动机顺序延时控制线路

该电路为3台电动机按一定时间间隔顺序启动的控制电路，要求电动机 M_1 启动后延时 n_1 秒，电动机 M_2 才启动；在电动机 M_2 启动后延时 n_2 秒，电动机 M_3 才启动。接触器 KM_1、KM_2 和 KM_3 分别控制电动机 M_1、M_2 和 M_3。时间继电器 KT_1 和 KT_2 用于 M_1 和 M_2、M_2 和 M_3 之间的延时控制。电路工作原理如下：

首先合上电源开关 QF，然后按下列程序进行：

启动控制：

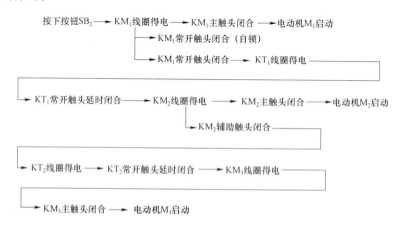

停止过程这里不再叙述。

五、位置控制（又称行程控制）

生产中常需要控制某些机械运动的行程或终端位置，实现自动停止，或实现整个加工过程的自动往返等，这种控制生产机械运动行程和位置的方法称为位置控制。这种控制方法就是利用位置开关与生产机械运动部件上的挡铁碰撞而使位置开关触头动作，达到接通或断开电路的目的。

图 4-10 所示为某工作台自动往返控制线路。为了使电动机的正反控制与工作台的左、右运动配合，在控制线路中设置了 4 个位置开关 SQ_1、SQ_2、SQ_3、

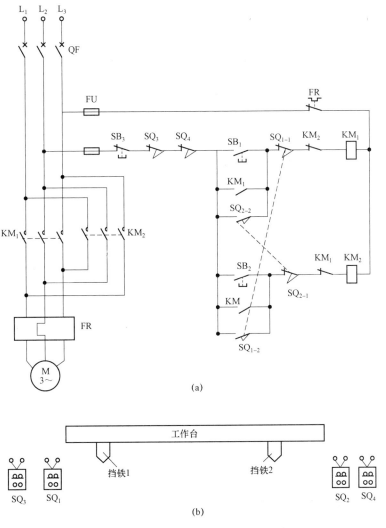

(a)

(b)

图 4-10　某工作台自动往返控制线路

SQ_4，并把它们安装在工作台需限制的位置上。当工作台运动到所限位置时，位置开关动作，自动换接电动机正反转控制电路，通过机械传动机构使工作台自动往返运动。

控制线路的动作原理如下：

按下启动按钮 SB_1，接触器 KM_1 线圈获电动作，电动机正转启动，通过机械传动装置拖动工作台向左运动。当工作台运动到一定位置时，挡铁 1 碰撞位置开关 SQ_1，使常闭触头 SQ_{1-1} 断开，接触器 KM_1 线圈断电释放，电动机断电停转。此时，位置开关 SQ_1 的常开触头 SQ_{1-2} 闭合，使接触器 KM_2 获电动作，进而电动机反转，拖动工作台向右运动。同时位置开关 SQ_1 复原，为下次正转作准备。由于这时接触器 KM_2 的常开辅助触头已经闭合自锁，故电动机继续拖动工作台向右运动。当工作台向右运动到一定位置时，挡铁 2 碰撞位置开关 SQ_2，使常闭触头 SQ_{2-1} 断开，接触器 KM_2 线圈断电释放，电动机断电停转，与此同时，位置开关 SQ_2 的常开触头 SQ_{2-2} 闭合，使接触器 KM_1 线圈再次获电动作，电动机又开始正转。如此循环往复，使工作台在预定的行程内自动往返。

图中位置开关 SQ_3 和 SQ_4 安装在工作台往返运动的极限位置上，起终端保护作用，以防位置开关 SQ_1 和 SQ_2 失灵致使工作台继续运动不止而造成事故。

需要停车时，按下按钮 SB_3 即可。

除了上述 5 种常用控制环节外，选煤厂中还经常用到液位控制等环节，这在以后的章节中再作分析。

第四节　三相异步电动机的制动控制

制动有两个方面的含义：一是使电动机迅速停车；二是限制电动机的转速。制动的方法分为两类，即机械制动和电气制动。机械制动包括电磁抱闸制动和电磁离合器制动；电气制动是使电动机在转动过程中产生一个与电动机旋转方向相反的电磁力矩进行制动，电气制动主要采用能耗制动和反接制动。

一、能耗制动（又称为动能制动）

能耗制动就是将电动机定子与交流电网断开，并在定子绕组中通入直流电源，产生不旋转的固定磁场，转子在外力的作用下运动，与磁场相割产生电势，在转子回路中产生电流，此电流与气隙磁通作用产生制动力矩，迫使转子迅速停止运动。

图 4-11 所示为有变压器全波整流的能耗制动控制线路，该线路的工作过程如下：

需要停车时，按下复合按钮SB₂ ──→ SB₂常闭触头断开 ──→ KM₁线圈失电 ──

└──→ KM₁主触头断开，切除三相交流电源

└──→ KM₁常闭触头（互锁功能）闭合 ──

└──── SB₂常开触头闭合 ──

──→ KM₂线圈有电 ──→ KM₂主触头闭合 ──→ 电动机定子绕组接入直流电源，投入能耗制动

──→ KT线圈有电 ──→ KT常闭触头延时断开 ──→ KM₂、KT线圈均失电复位，制动过程结束

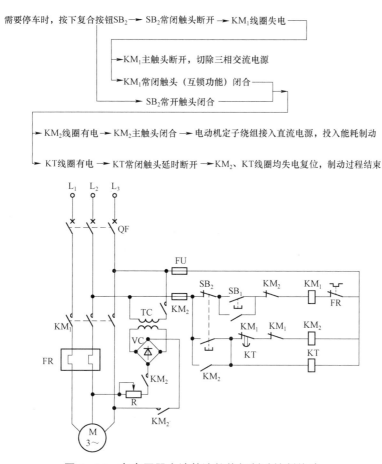

图4-11 有变压器全波整流的能耗制动控制线路

能耗制动利用的是转子惯性旋转的功能。在制动过程中，先将惯性转动的动能转化为电能，再将电能以热的形式消耗掉，故称为能耗制动，或称为动能制动。能耗制动的优点是制动准确、平稳、能量消耗较小，缺点是制动力矩较弱，且需要附加直流电源装置。能耗制动多用于制动要求平稳准确的场合。

二、反接制动

异步电动机进入反接制动状态运行所必需的条件是转子旋转的方向与旋转磁场的转向相反，反接制动的名称由此而来。对于不同性质的负载，电动机实现反接制动的过程与方法也不相同。异步电动机拖动系统的反接制动有两种：转速反向的反接制动和电源反接的反接制动。

在反接制动时，由于制动电流较大，故一般应在主回路中接入限流电阻。反接制动产生的制动力矩较强，适用于要求制动迅速、系统惯性较大而制动不太频

繁的场合。

第五节　交流调速技术

随着电子技术的不断发展和高性能电子器件的出现,交流调速技术自20世纪80年代以来得到了迅速发展,其调速性能完全可以和直流拖动系统媲美,且在很多方面优于直流拖动系统。近年来交流调速领域出现了以微型计算机、微处理器为核心的新一代控制系统及单元,并从部分采用微处理器的模拟数字混合控制向着全面采用微处理器的全数字化控制方向发展,且除具有控制功能外,还具有监视、显示、保护、故障自诊断及自复原等多种功能。

一、变频调速

变频调速是一种最有发展前途的交流调速方式,它是靠变频器实现的(图4-12)。变频器种类很多,以有无直流中间环节来区分,有交-交变频器和交-直-交变频器;变频器作为负载的电源,可分为电流（源）型和电压（源）型。

1. 交-交变频器

其常以晶闸管作为开关器件,常用于变频器的输出频率为 1/2 工频以下的大

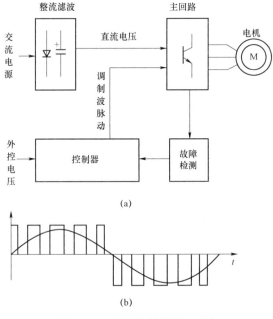

(a)

(b)

图4-12　变频器结构原理示意

功率电气传动方面。由于其采用较多的电力电子器件及输出频率较低等原因，交-交变频器的使用不够广泛。

2. 交-直-交电流型变频器

其通常由晶闸管的三相可控整流桥、直流环节大电容滤波器和晶闸管三相逆变桥所组成。它不需要任何附加主电路，就能把负载电机送来的能量返还电网。大电感滤波器的存在限制了瞬时故障电流的上升率，比较容易实现过电流保护。在负载功率较大的情况下，容易以多重化实现变频器的功率扩大，同时改善对负载供电的电流波形。

3. 交-直-交电压型变频器

其通常由二极管的三相不可控整流桥、直流环节大电容滤波器、各种开关器件的三相逆变桥、控制器和故障检测等部分所组成。这种变频器主电路的优点是只有逆变桥是受控的。直流环节恒定的电压经过 PWM 逆变器的控制，可实现输出电压和输出频率同时可调。其由于主电路较简单，输出的电流波形接近正弦，因此被广泛应用。但是，这种电路不能实现负载反馈能量的再生和消耗，在负载仅有少量能量反馈时，通常在主电路的直流环节接入能量释放环节（由开关器件和能耗电阻所组成）。在负载有大量的能量反馈时，通常用两组反并联的三相可控桥代替前述二极管的三相不可控整流桥，这时能够实现负载的能量返送电网。逆变桥的器件在大功率时常用晶闸管，因此也必须配以换流电路；在中、小功率时常采用 GTO 或 GTR 等自关断器件。

控制器是整个系统的核心，它产生脉宽调制（PWM）波形，驱动主回路中的功率开关管，输出正弦三相交流电，使电动机以规定转速运行。在 PWM 方式中，正弦波脉宽调制（SPWM）是基本的脉宽调制方式之一，控制器输出脉冲的宽度是按正弦波规律变化的，即各个矩形脉冲波下的面积接近正弦波下的面积，这时逆变器的输出电压就接近正弦波。

目前在我国很多选煤厂的过滤机液位自动控制系统中，就是利用该类型变频器对过滤机圆盘的转速进行调节的。

二、串级调速

串级调速是利用绕线异步电动机的转差功率相当于转子附加电势原理的一种较经济的高效调速方法。

串级调速的特征就是将转差功率取出来加以利用。这部分功率的去向有二：一是直接变成机械功率输出给机械轴；二是转变成与电源同频率的电功率反馈到电网中去。前者称为机械串级系统，后者称为电气串级系统。

目前晶闸管串级调速技术已经比较成熟，有系列化产品可供选择。

实训项目三

实训项目名称：绘制异步电动机用接触器直接启动的线路原理图。

实训要求：

（1）能够准确绘制异步电动机用接触器直接启动的线路原理图；

（2）能够完整、准确地叙述异步电动机用接触器直接启动的线路的基本结构组成及工作原理。

实训内容：

本实训需要绘制的异步电动机用接触器直接启动的线路原理图如图 4-1 所示。

第五章

选煤工艺参数测试技术

　　随着选煤自动化水平的不断提高，要实现生产过程中的自动控制，首要的问题是实现对有关参数的自动检测。在现代化选煤厂生产过程和生产分析中，需要测量的参数很多，如重介质密度、磁性物含量和介质桶液位的测控，跳汰机床层厚度的测控，浮选工艺的人选矿浆浓度、流量和药剂添加量的测控，温度、压力、料位、液位、灰分、水分等的测量。在现代化的管理和控制系统中又要求对这些参数进行自动检测，因此必须将这些参数进行转换后再进行测量。

　　目前应用最广泛的是"非电量电测法"，即将非电量的被测参数转换成电量后进行测量。转换后的电量可以是电压、电流、电频率，也可以是电阻、电容、电感等电路参数。

　　采用非电量电测法有以下优点：

　　（1）可以将各种不同的被测参数转换成相同的电量，便于使用相同的测量和记录仪表。

　　（2）各种参数转换成电量后，可以进行远距离传送，便于远距离操作、控制和显示，也便于同自动化仪表联用，组成调节控制系统。

　　（3）采用这种方法可以对参数进行动态测量，并记录其瞬时值和变化过程，便于进行动态分析研究。

　　（4）易于同许多后续的通用数据处理仪器联用，便于对测量结果进行运算处理。

　　选煤过程中的各种参数转换成电量后传送到全厂集中控制室，进行显示、自动记录以及对生产过程自动调节控制。

第一节　选煤工艺参数测试系统

　　将被测参数转换成电量进行测量时必须有一个测试系统，下面通过一个简单的实例说明选煤工艺参数常用测试系统的基本构成。

一、选煤工艺参数常用测试系统的基本构成

图 5-1 所示为水池液位测试装置示意。被测液位 H 依靠浮标检测，并通过可变电阻器将浮标的位移转换成相应的电阻值；再通过由电源及电流表组成的测量电路对电阻进行测量。这样，电流表的读数反映出被测液位 H。如果知道其中各个环节的转换关系，就可以得到电流与液位的转换关系，即 $H=f(I)$。

在这个实例中，浮标反映被测液位，称为敏感元件。将敏感元件（浮标）输出的机械量（位移）转换成电量（电阻值）的可变电阻器及滑动机构（或转轴机构）称为变换器。由电源及电流表组成的测量显示装置称为信号测量或二次仪表。信号测量部分可以放在测试现场，也可通过信号传输后设置于远方。

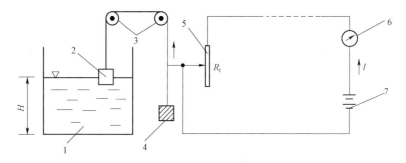

1—水池；2—浮标；3—定滑轮；4—重锤；5—可变电阻器；6—电表；7—稳压电源

图 5-1　水池液位测试装置示意

可见，一个完整的非电量电测测试系统应由图 5-2 所示的几个部分组成。

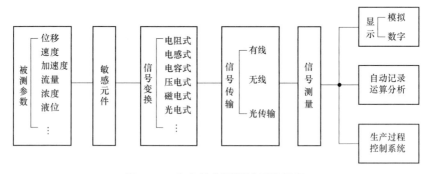

图 5-2　非电量电测测试系统示意

敏感元件从被测对象接收能量，输出反映被测参数的相应数值的物理量，可以是机械量如位移、转角等，也可以是电量。要求敏感元件反映被测参数准确、灵敏、线性关系好，其输出量受其他因素干扰小，否则会影响整个测试系统的准

确性。在动态测试时还要求敏感元件反映速度快。

变换器的作用是将敏感元件输出的非电量转换成电量，实现信号的变换。变换器也称为转换器、变送器、检测器或探测器。其根据不同原理可分为电阻式、电感式、电容式、压电式、磁电式和光电式等。要求变换器转换灵敏度高，非线性误差小。

针对某种参数特点，将敏感元件与变换器结合在一起专门设计的变换装置称为传感器，如压力传感器、速度传感器。

在实际工程应用中，用于信号测量与控制的传感器很多。同一种被测量可以用不同的传感器来测量。而同一原理的传感器，通常又可以测量多种非电量物理量。因此，传感器的分类目前尚无统一的方法，比较常用的分类方法见表5-1。

表5-1 传感器分类

分类方法	传感器名称
按被测物理量分类	位移传感器、力传感器、速度传感器、温度传感器、流量传感器、气体传感器
按工作原理分类	电阻式传感器、电容式传感器、电感式传感器、压电式传感器、光电式传感器、磁电式传感器
按输出信号的性质分类	开关型传感器、模拟式传感器、数字式传感器

由变换器输出的电量通过信号传输部分送入测量部分。信号的传输一般采用有线传输、无线传输和光导传输等方式。有线传输可分为有线直接传输及有线载波传输。在选煤厂浮选药剂箱的油位信号要传送到距主厂房较远的药剂库，以便控制油泵的开、停，可采用动力线或通信线进行载波传输。在选煤过程的参数测试中主要采用有线直接传输的方式。这种传输方式应注意在传输过程中信号的衰减与畸变，并要注意信号的屏蔽。光导纤维是一种有前途的传输方式。

信号测量装置（即二次仪表）对变换器输出的电量进行测量计算，并将测量结果显示出来或通过记录仪记录下来。测量装置一般由电子放大器等组成。根据变换器的类型及对测量结果的要求，测量装置还可包括脉冲电路、振荡电路、补偿电路、运算电路等。测量装置输出电压或电流模拟量时，必须具有恒压或恒流输出特性。

测量结果的显示分为模拟显示和数字显示两种方式。模拟显示一般以电压或电流通过电表指针显示。数字显示是将电压或电流模拟量通过模数转换、数字电路，以数字的形式显示测量结果。这种方式读书方便、准确，是一种比较先进的方法。

在动态测试时，测量结果往往无法通过显示器由观测者读出，而需要将变化过程即瞬时值通过记录仪记录在纸、感光纸或磁盘上。

在生产过程中也经常将测量结果输入自动调节控制系统，进行生产过程参数的自动调节。

第二节　选煤工艺参数测试系统的常用传感器

一、常用传感器的类型、工作原理及应用

1. 电阻式传感器

在众多传感器中,有一类是通过电阻参数的变化来达到非电量测量的目的的,它们被统称为电阻式传感器。这是一种先将被测信号的变化转换成电阻值的变化,然后经相关测量电路处理后,在终端仪器、仪表上显示或记录被测量变化状态的测量装置。利用电阻式传感器可对位移、形变、力、力矩、加速度、湿度、温度等物理量进行测量。由于各种电阻材料在受到被测量作用时转换成电阻参数变化的机理各不相同,因此电阻式传感器有许多种类。下面主要介绍电阻应变片式传感器。

电阻应变片式传感器是目前应用比较广泛的传感器之一。将电阻应变片粘贴在各种弹性敏感元件上,加上相应的测量电路就可以检测位移、加速度、力、力矩等参数变化。电阻应变片是电阻应变片式传感器的核心器件。这种传感器具有结构简单、使用方便、性能稳定可靠、易于自动化、多点同步测量、远距离测量和遥控等特点,并且测量灵敏度、速度都很高,无论是静态测量还是动态测量都很适用,在煤炭、机械、电力、化工、建筑、医疗、航空等领域都得到了广泛的应用。

1)电阻应变片的结构

电阻应变片的结构各异,但其结构组成与图 5-3 所示的电阻丝式应变片的结构基本相同。图中,L 为应变片的标距(或称工作基长),它是敏感栅沿轴向测量变形的有效长度;b 为敏感栅的宽度(或称基宽)。

电阻应变片有金属应变片和半导体应变片两类,如图 5-4 所示。

(1)金属应变片又有丝式、箔式、薄膜式之分。其中金属丝式应变片使用最早最多,它有纸基型、胶基型两种,因制作简单、性能稳定、价格低廉、易于粘贴而被广泛使用。金属箔式应变片是通过光刻、腐蚀等工艺,将电阻箔片在绝缘基片上制成各种图案而形成的应变片,其厚度通常为 0.001～0.01 mm,因散热效果好、通过电流大、横向效应小、柔性好、寿命长、工艺成熟且适于大批量生产而得到广泛应用。金属薄膜式应变片是薄膜技术发展的产物,它采用真空蒸镀的方法成形,因灵敏系数高、易于批量生产而备受重视。

（2）半导体应变片是用半导体材料作为敏感栅而制成的，其灵敏度高（一般比金属丝式应变片、金属箔式应变片高几十倍），且横向效应小。

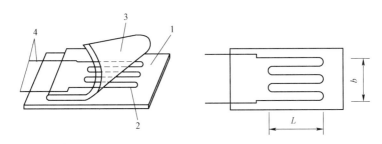

1—基底；2—敏感栅；3—覆盖层；4—引线

图 5-3　电阻丝式应变片的结构示意

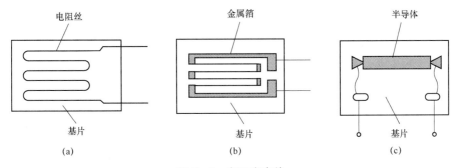

图 5-4　电阻应变片

（a）金属丝式应变片；（b）金属箔式应变片；（c）半导体应变片

2）电阻应变片及桥式电路的工作原理

电阻应变片的工作原理基于金属的应变效应，即导体或半导体材料在外力作用下产生机械变形（拉伸或压缩）时，其电阻值也随之发生相应的变化。金属丝的电阻（R）与材料的电阻率（ρ）及材料的几何尺寸（长度 L、截面面积 A）有关，即

$$R = \rho L / A \tag{5-1}$$

金属丝在产生机械变形的过程中，L，A 都要发生相应的变化，这必然引起金属丝的电阻值发生变化。工程上利用这一原理设计制造了一系列应变片，以满足信号检测的需要。

在电阻式传感器中，最常用的转换测量电路是桥式电路。按拱桥电源的性质，桥式电路可分为交流电桥电路和直流电桥电路，目前使用较多的是直流电桥电路。下面以直流电桥电路为例，简单介绍其工作原理。

如图 5-5 所示，直流电桥电路的 4 个桥臂由电阻 R_1，R_2，R_3，R_4 组成，其中 a，c 两端接直流电压 U，而 b，d 两端为输出端，其输出电压为 ΔU。一般情况下，桥路应接成等臂电桥（即 $R_1 = R_2 = R_3 = R_4$）且输出电压$\Delta U = 0$。这样无论哪个桥臂受到外来信号作用，桥路都将失去平衡，从而导致有信号输出，其输出电压为

$$\Delta U = U_{ab} - U_{cd} = \frac{U(R_1 R_3 - R_2 R_4)}{(R_1 + R_2)(R_3 + R_4)} \qquad (5-2)$$

单臂电桥在工作（即只有一路被测信号ΔR进入电桥电路，如图5-6所示）时，其输出电压为$\Delta U = \Delta R U / (4R)$。这说明，当电桥的桥臂电阻受被测信号的影响发生变化时，电桥电路的输出电压也将随之发生变化，从而实现由电阻变化到电压变化的转换。

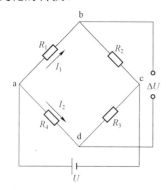

图5-5 直流电桥电路原理示意

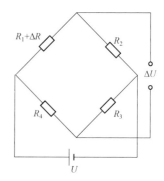

图5-6 单臂电桥工作原理示意

3）电阻应变片的应用

（1）位移传感器。应变式位移传感器是把被测位移量转换成弹性元件的变形和应变，然后通过应变计和应变电桥输出1个正比于被测位移的电量。它可进行近地或远地静态与动态的位移量检测。使用时要求用于测量的弹性元件刚度要小，被测对象的影响反力要小，系统的固有频率要高，动态频率响应特性要好。

图5-7（a）所示为国产 YW 系列应变式位移传感器结构示意。这种传感器由于采用了悬臂梁–螺旋弹簧串联的组合结构，因此测量的位移较大（通常测量范围为10～100 mm）。其工作原理如图5-7（b）所示。

由图5-7所示可知，4片应变片分别贴在距悬臂梁根部距离为a处正、反两面；拉伸弹簧的一端与测量杆相连，另一端与悬臂梁上端相连。在测量时，当测量杆随被测件产生位移d时，就带动弹簧使悬臂梁弯曲变形产生应变，其弯曲应变量与位移量呈线性关系。由于测量杆的位移d为悬臂梁端部位移量d_1和螺旋弹簧伸长量d_2之和，因此，由材料力学可知，位移量d与贴片处的应变e的关系为$d = d_1 + d_2 = Ke$，其中，K为比例系数，它与弹簧元件尺寸和材料特性参数有关；e为应变量，它可以通过应变仪测量。

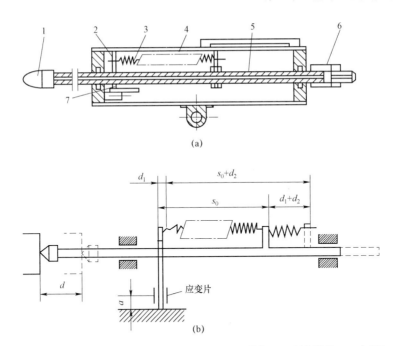

1—测量头；2—弹性元件；3—弹簧；4—外壳；5—测量杆；6—调整螺母；7—应变计

图 5-7　国产 YW 系列应变式位移传感器的结构与工作原理示意

（a）结构示意；（b）工作原理示意

（2）电子皮带秤。电阻应变片在电子自动秤上的应用十分普遍，如电子汽车秤、电子轨道秤、电子吊车秤、电子配料秤、电子皮带秤、自动定量灌装秤等。其中电子皮带秤是一种能连续称量散装材料（矿石、煤、水泥、米、面等）质量的测量装置。它不但可以称出某一瞬间在输送带上输出物料的质量，还可以称出某一段时间内输出物料的总质量。

2. 电容式传感器

电容式传感器是一种能将被测非电量转换成电容量变化的传感器件。这类传感器近年来有了比较大的发展。它不但能用于位移、振动、角度、加速度等机械量的精密测量，而且正逐步应用于压力、压差、液面、料面、成分含量等项目的检测。在自动检测中，电容式传感器的应用越来越广泛。

1）电容式传感器的主要特点

电容式传感器是以不同类型的电容器作为传感元件，并通过电容传感元件把被测物理量的变化转换成电容量的变化，然后经转换电路转换成电压、电流或频率等信号输出的测量装置。其主要特点如下：

（1）结构简单、易于制造。

（2）功率小、阻抗高、输出信号强。由于电容式传感器中带电极板之间的静电引力很小，因此在信号检测过程中，只需施加较小的作用就可以获得较大的电容、变化量及高阻抗的输出信号。

（3）动态特性好。由于电容式传感器带电极板之间的静电引力很小，工作时需要的作用能量也很小，再加上可动体的质量很小，因此具有较高的固有频率和良好的动态响应特性。

（4）受本身发热影响小。电容式传感器的绝缘介质多为真空、空气或其他气体，由于介质损耗比较小，因此其本身的发热对传感器的影响可以忽略不计。

（5）可获得比较大的相对变化量。电容式传感器与高线性的电路连用时，相对变化量可近似达到100%，这给检测工作带来了极大的方便。

（6）能在比较恶劣的环境中工作。由于电容式传感器的组件一般都不用有机材料或磁性材料制作，因此其在高、低温或强辐射等环境中都能正常工作。

（7）可进行非接触式测量。当被测物有不能受力或高速运动或表面不允许划伤等情况时，电容式传感器可进行非接触测量，并且具有较好的平均效应。

（8）电容式传感器的不足主要是寄生电容影响比较大、输出阻抗比较高、负载能力相对比较大、输出为非线性。

随着电子技术的飞速发展，电容式传感器的性能得到很大的改善，寄生分布电容、非线性等影响不断被克服，因此，在自动检测中，电容式传感器的应用越来越广泛，正逐步成为一种高灵敏度、高精度，且在动态、低压及一些特殊场合中有发展前途的传感器。

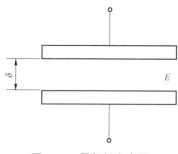

图5-8　平行板电容器

2）电容式传感器的工作原理及结构形式

（1）工作原理。平行板电容器如图5-8所示。由物理学可知，由两平行极板所组成的电容器，如果不考虑边缘效应，其电容量为

$$C = \varepsilon A / \delta \qquad (5-3)$$

式中，A——两极板相互遮盖的面积，mm^2；

　　　δ——两极板间的距离，mm；

　　　ε——两极板间介质的介电常数，F/m。

由计算公式可见，当A、δ、ε 3个参数中任何一个发生变化时，电容量也随之发生变化。工程上正是利用这一原理制造了许多电容式传感器。

（2）结构形式。根据工作原理，电容式传感器可分为变面积（A）型、变极距（δ）型和变介电常数（ε）型3种基本类型。

① 变面积（A）型电容式传感器的结构如图5-9所示。当被测物体带动可动板2发生位移时，就改变了可动板与固定板之间的相互遮盖面积，并由此引起电容量C发生变化。

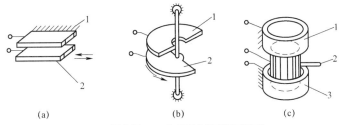

1，3—固定板；2—与被测物相联的可动板

图 5-9　变面积（A）型电容式传感器的结构

（a）单边直线位移式；（b）单边角位移式；（c）差分式

② 变极距（δ）型电容式传感器的结构如图 5-10 所示。图中，1 和 3 为固定极板，2 为可动板（或相当于可动板的被测物），其位移由被测物带动。从图 5-10（a）、（b）可看出，当可动板由被测物带动向上移动（即 δ 减小）时，电容值增大；反之，电容值减小。

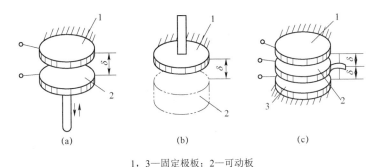

1，3—固定极板；2—可动板

图 5-10　变极距（δ）型电容式传感器的结构

③ 变介电常数（ε）型电容式传感器的结构如图 5-11 所示。其中，图 5-11（a）中的两平行极板为固定极板，极距为 δ_0。相对介电常数为 ε_{r2} 的电介质以不同深度插入电容器中，从而改变了两种介质极板的覆盖面积。

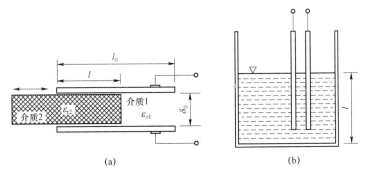

图 5-11　变介电常数（ε）型电容式传感器的结构

（a）电介质插入式；（b）绝缘物位检测

上述原理可用于非导电绝缘流体材料的位置测量。如图5-11（b）所示，将电容器极板插入被测的介质中，随着灌装量的增加，极板覆盖面积也随之增大，从而测出输出的电容量。根据输出电容量的大小即可判断灌装物料的高度。

使用电容式传感器时有一点需要说明，当极板间有导电物质存在时，应选择电极表面涂有绝缘层的传感器件，以防止电极间短路。

（3）应用。差分式电容压力传感器广泛应用于液体、气体和蒸汽的流量、压力、液体位置及密度等的检测，其结构示意如图5-12所示。从图中可看出，由两盒体和1片感压薄膜构成的膜盒组件是其主要构件。它实质上是由金属膜片与镀金凹玻璃圆片所组成的采用差分电容原理设计的位移传感器。

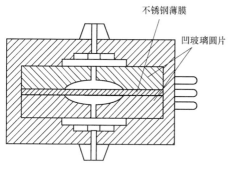

图5-12　差分式电容压力传感器的结构示意

当被测压力 p 通过过滤器通道进入空腔后，由于弹性膜片的两侧受到的压力不同而形成1个压力差。由于压力差的作用，使膜片凸向一侧产生位移。这一位移改变了2个镀金凹玻璃圆片与弹性膜片之间的电容量，而电容量的变化可由电路加以放大后取出，其原理示意如图5-13所示。

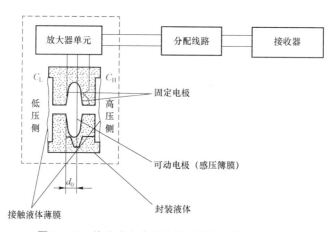

图5-13　差分式电容压力传感器的工作原理示意

差分式电容压力传感器的输出电流 I_0 为：

$$I_0 = \frac{C_L - C_H}{C_L + C_H} I_C = \frac{K}{d_0} \Delta p \qquad (5-4)$$

式中，C_H——高压侧极间电容值；

C_L——低压侧极间电容值；

d_0——电极间的初始间距；

Δp——输入压差；

I_C，K——常数。

由上式可知，输出电流与介电常数的变化和激励电源频率的变化无关，而只与输入压差成正比。

差分式电容压力传感器的电路如图 5-14 所示，它主要由信号变换器电路及电流控制器电路两部分组成。其中，信号变换器电路可将差分电容量转换成电信号，而电流控制器电路可进一步将电信号变换成某一直流输出信号。

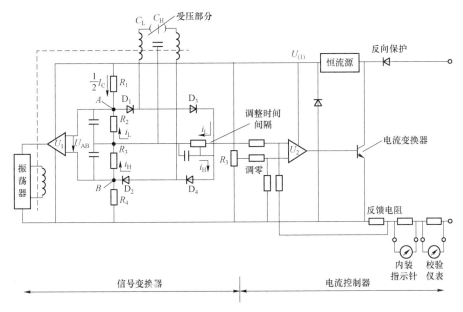

图 5-14 差分式电容压力传感器的电路

3. 电感式传感器

电感式传感器是利用被测量的变化引起线圈自感或互感系数的变化，从而导致线圈电感量改变这一物理现象来实现信号测量的。根据转换原理，电感式传感器可分为自感式和互感式两大类。本书只介绍自感式电感式传感器。

自感式电感式传感器可分为变间隙型、变面积型和螺管型 3 种类型。

（1）变间隙型电感式传感器如图 5-15 所示。传感器由线圈、铁芯和衔铁组成。工作时可动衔铁与被测物体连接，被测物体的位移通过可动衔铁的上、下（或左、右）移动，引起空气气隙的长度发生变化，即气隙磁阻发生相应的变化，从而导致线圈电感量发生变化。实际检测时，正是利用这一变化来判断被测物体的移动量及运动方向的。

线圈的电感量可用公式 $L = N^2/R_m$ 计算。式中，N 为线圈匝数；R_m 为磁路总磁

阻。对于变间隙型电感式传感器，如果忽略磁路铁损，则磁路总磁阻为

$$R_{m} = \frac{l_1}{\mu_1}A + \frac{l_2}{\mu_2}A + \frac{2\delta}{\mu_0}A \qquad (5-5)$$

式中，l_1——铁芯磁路长；

l_2——衔铁磁路长；

A——截面面积；

μ_1——铁芯磁导率；

μ_2——衔铁磁导率；

μ_0——空气磁导率；

δ——空气隙厚度。

一般情况下，导磁体的磁阻与空气隙磁阻相比是很小的，可忽略，因此线圈的电感值可近似地表示为

$$L = \frac{N^2\mu_0 A}{2\delta} \qquad (5-6)$$

（2）变面积型电感式传感器如图 5-16 所示。由图可以看出，线圈的电感量为

$$L = \frac{N^2\mu_0 A}{2\delta} \qquad (5-7)$$

传感器工作时，当气隙长度保持不变，而铁芯与衔铁之间相对覆盖面积（即磁通截面）因被测量的变化而改变时，将导致电感量发生变化。由公式可知，线圈电感量与截面面积成正比，呈线性关系。

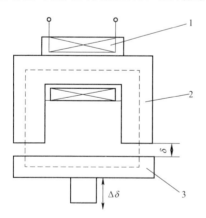

1—线圈；2—铁芯；3—可动衔铁

图 5-15　变间隙型电感式传感器

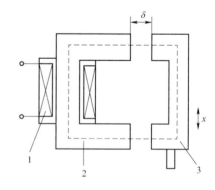

图 5-16　变面积型电感式传感器

2）螺管型电感式传感器

螺管型电感式传感器如图 5-17 所示。当传感器的衔铁随被测对象移动时，将引起线圈磁力线路径上的磁阻发生变化，从而导致线圈电感量随之变化。线圈电感量的大小与衔铁插入线圈的深度有关。设线圈长度为 l，线圈的平均半径为 r，线圈的匝数为 N，衔铁进入线圈的长度为 l_a，衔铁的半径为 r_a，铁芯的有效磁导率为 μ_m，则线圈的电感量 L 与衔铁进入线圈的长度 l_a 的关系可表示为

$$L = \frac{4\pi^2 N^2}{l^2}[lr^2 + (\mu_m - 1)l_a r_a^2] \tag{5-8}$$

通过对以上 3 种形式的电感式传感器的分析，可以得出以下结论：

（1）变间隙型电感式传感器灵敏度较高，但非线性误差较大，且制作装配比较困难。

（2）变面积型电感式传感器灵敏度较低，但线性较好，量程较大，使用比较广泛。

（3）螺管型电感式传感器灵敏度较低，但量程大、结构简单且易于制作和批量生产，常用于测量精度要求不太高的场合。

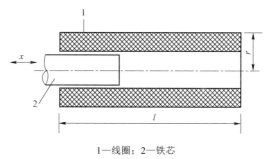

1—线圈；2—铁芯

图 5-17　螺管型电感式传感器

4. 热电式传感器

对温度这一物理量的检测与控制是目前传感与检测技术中一项非常重要的内容。用于温度检测的方法、手段很多，从水银温度计到热敏电阻，从热电偶到温度比色仪，从接触式到非接触式等。以下对热电阻、热敏电阻及热电偶传感器的测温方法进行简要介绍。

1）热电阻、热敏电阻传感器

（1）热电阻传感器。热电阻是利用导体的电阻率随温度变化的物理现象来测量温度的。几乎所有物质都具有这一性质，但作为测温用的热电阻具有以下特性：

① 电阻值与温度变化具有良好的线性关系。

② 电阻温度系数大，便于精确测量。

③ 电阻率高，热容量小，反应速度快。

④ 在测温范围内具有稳定的物理性质和化学性质。

⑤ 材料质量要纯，容易加工复制，价格便宜。

根据以上特性，最常用的材料为铂和铜，但在低温测量中则使用铟、锰及碳等材料。

a. 热电阻温度计。

通常工业上测温是采用铂电阻和铜电阻作为敏感元件，测量电路用得较多的是电桥电路。为了克服环境温度的影响，常采用图 5-18 所示的 3 导线 1/4 电桥电路。由于采用这种电路，热电阻的两根引线的电阻值被分配在两个相邻的桥臂中，从而使由环境温度变化所引起的引线电阻值变化造成的误差相互抵消。

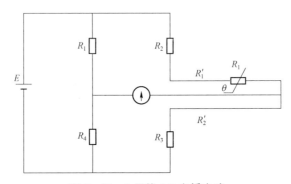

图 5-18　3 导线 1/4 电桥电路

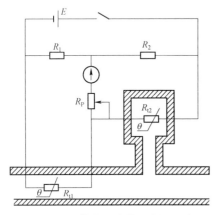

图 5-19　热电阻流量计原理示意

b. 热电阻流量计。图 5-19 所示是热电阻流量计原理示意。两个铂电阻探头，其中 R_{t1} 放在管道中央，它的散热情况受介质流速的影响；R_{t2} 放在与流体温度相同但不受介质流速影响的小室中。当介质处于静止状态时，电桥处于平衡状态，流量计没有指示；当介质流动时，R_{t1} 的热量被带走，温度的变化引起阻值变化，电桥失去平衡而有输出，电流计的指示直接反映流量的大小。

2）热电偶传感器

热电偶传感器是一种能够将温度变化量转换成电势变化的测量装置，属于接触式测温元件的一种，目前在工业生产和科研中得到了广泛应用。

热电偶传感器的工作原理基础是导体材料的热电效应。将两种不同成分的导体组成一闭合回路（如图 5-20 所示），当闭合回路的两个节点分别置于不同的温度场中时，回路中将产生一个电势，该电势的方向和大小与导体的材料及两节点的温度有关，这种物理现象称为热电效应，两种导体组成的回路称为热电偶，这两种导体称为热电极，产生的电势称为热电势。热电势由两部分组成，其中一部分是两种导体的接触电势，另一部分为单一导体的温差电势。

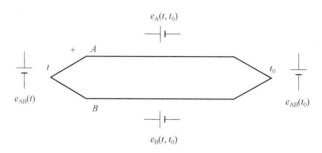

图 5-20　热电偶回路

热电偶有如下几个基本定律：

（1）由两种化学成分不同的导体组成热电偶，并且两端点的温度不同时才能产生热电势。热电势的大小与材料性质及两端点的温度有关，与形状和尺寸无关。

（2）由两种化学成分相同的金属组成热电偶，无论热电偶两个端点的温度如何，热电偶回路内总热电势为零。

（3）化学成分不同的两种材料组成热电偶，若两个端点的温度相同，则回路的总热电势为零。

（4）热电偶回路中接入第三种材料导线，若第三种材料导线的两端温度相同，则对热电偶回路的总热电势没有影响。

这一定律具有特别重要的意义，因为利用热电偶测量温度时，必须在热电偶回路中接入测量仪表，它相当于接入了第三种导体材料，如图 5-21 所示，若图中节点 2 和 3 的温度相同（都等于 t_0），则热电偶回路总热电势未变。如果节点 2 和 3 的温度不同，热电偶回路总电势将发生变化，变化的大小取决于材料的性质和节点的温度。因此，接入的第三种导体材料的性质应与热电极的热电性质相近；否则会因温度变化而引起热电势变化，从而影响测量精度。

热电偶只有保持冷端温度不变时，热电势才是被测温度的单值函数。由于热电偶工作端

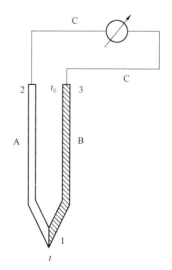

图 5-21　在热电偶中接入第三种材料

与冷端在应用时相距很近，冷端又暴露在空间，所以冷端温度易受周围介质温度的影响，难以保持恒定，必须进行补偿。

第三节 密度、浓度的检测

在选煤厂生产过程以及科学研究中，经常遇到矿浆密度、浓度的测量问题。

在重介质分选过程中，重介质悬浮液的密度必须测量，以便对其进行控制和调节，浮选的入料矿浆浓度将直接影响浮选的效果，进行必要的测量可以及时地调整生产。

现结合选煤生产过程的特点和需要，介绍和分析几种有关的检测方法。

一、密度的检测

1. 双管压差式密度计

压差式密度计可以测量液体、液–固悬浮液以及气–固流化床的密度，广泛用于生产过程和科学研究工作。

双管压差式密度计是压差式密度计的一种，它利用压缩空气和压差管形成不同深度的静压力。双管压差式密度计常用来测量重介质选煤的重介质悬浮液密度。双管压差式密度计的基本原理示意如图 5–22 所示。

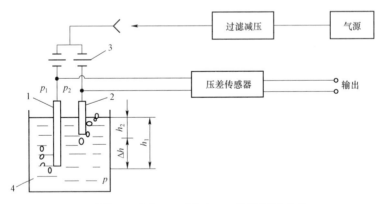

1—长管；2—短管；3—节流孔；4—被测矿浆和介质

图 5–22　双管压差式密度计的基本原理示意

两个测量管插入被测悬浮液中，其深度分别为 h_1 与 h_2。气源产生的 0.2 MPa 压缩空气经过滤液减压装置净化以除去油质及其他杂质，净化后的压缩空气分别通过节流孔向长、短两管充气。两测量管内的液体被排挤出管外，并由测量管内下口向被测液中吹泡。根据流体力学原理，节流孔前、后的压降随流速的增大而增大。由于节流孔的直径比测量管小得多，对流体阻力很大，所以流体通过节流孔和测量管时的动压力主要降落在节流孔上；而测量管由于阻力很小，故其两端的压降可以忽略不计。因此，当系统达到动平衡时，两管内的静压力 p_1 与 p_2 应该分别等于它们所排开的液柱，其关系为

$$p_1 = p_0 + \rho h_1 \tag{5-9}$$

$$p_2 = p_0 + \rho h_2 \tag{5-10}$$

式中，p_1——长管内气体静压力；

p_2——短管内气体静压力；

p_0——大气压；

ρ——被测悬浮液密度；

h_1——长管插入深度；

h_2——短管插入深度。

两管的静压力差 p 为：

$$p = p_1 - p_2 = \Delta h \rho \tag{5-11}$$

式中，Δh——两管的高差，是定数。

因此，只要测出压差 p，就可以得到被测密度 ρ（其实际上是在 Δh 范围内的平均密度）。

压差的测量可以采用各种压差传感器，如 U 形管压差测量装置、电阻应变式压差传感器、压差变送器、压电式变换器等。

双管压差式密度计应用广泛，在使用时应注意：

（1）节流孔的安装位置应尽量接近测量管。

（2）为了保证测量管工作可靠、准确，又不堵塞节流孔，气源必须净化和稳压。

（3）整个系统必须连接严密，不得漏气。

（4）整个气流系统（除节流孔外）阻力要小。

2. 水柱平衡式密度计

水柱平衡式密度计用于选煤厂重介质悬浮液密度的测量和煤泥浮选入料矿浆浓度的测量。

水柱平衡式密度计的基本原理示意如图 5-23 所示。被测矿浆从入料口给料，经筛网除去过大颗粒及杂物。溢流堰 4 可保持矿浆液位稳定，使静压测量管中液柱高度保持在 H_0。平衡清水柱管通过清水给入管连续稳定地向管内注入少量清水（20~40 L/h），清水与矿浆在混合槽内汇合后经底流口流出。在测量系统达到动态平衡时，清水柱与矿浆静压测量管中液柱形成的静压相等。

如两管液柱不平衡，若矿浆液柱压力大于清水柱压力，这时部分矿浆将被压

入清水管，造成清水不能从下部流出，使液面不断上升，压力不断增加，直至平衡为止。只要保持两管液柱压力相等，测量系统就能自动达到平衡状态。

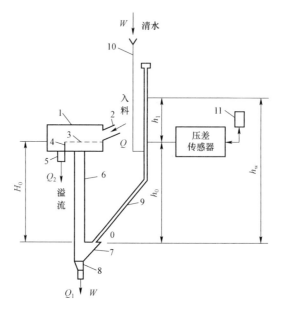

1—给料管；2—矿浆入料管；3—筛网；4—溢流堰；5—矿浆溢流管；6—矿浆静压测量管；7—混合槽；

8—底流口；9—平衡清水柱管；10—清水给入管；11—传感器初始平衡调节

图 5-23 水柱平衡式密度计的基本原理示意

当被测液与清水在零点汇合处界面建立动态平衡时，即平衡清水柱管中的清水高度与矿浆静压测量管中被测液静压力的水柱高度相等，就有下列关系式：

$$H_0\rho_x = h_w\rho_0 \qquad (5-12)$$

$$\rho_x = \rho_0 \frac{h_w}{H_0} \qquad (5-13)$$

式中，ρ_x——被测矿浆密度，g/cm^3；

H_0——被测矿浆液柱高度（为定值），cm；

h_w——平衡时清水柱高度，cm；

ρ_0——清水密度，其值为 1 g/cm^3；

当被测液密度变化时，清水柱高度 h_w 也随之变化。根据测得的 h_w，即可计算出待测介质的密度。

在使用水柱平衡式密度计时应注意下列几点：

（1）入料要有一定的压力，以防止固体颗粒沉淀，但入料压力太大会造成给料的不稳定性。

（2）当测量煤泥浮选入料矿浆时，泡沫进入测量管将导致测量误差。

（3）清水柱一侧要连续而稳定地注入清水，必须保持自由压头，不能用封闭管路与水源相接来补加清水。

（4）勿让木片杂质等堵塞底流口。

该密度计结构简单、测量灵敏度较高，测量精度可达到±0.005 g/cm³。它不但可用于选煤厂重介质悬浮液、金属矿矿浆密度的测量，也可通过密度的转换用于浮选入料煤浆浓度的测量。它的缺点是整个装置高差大，占厂房空间大，被测矿浆采样点必须有足够的标高，而且在使用中还存在其他一些因素的影响，如底流的堵塞等。

二、矿浆密度与浓度的转换

在选煤与选矿过程中，很多环节都要对矿浆浓度进行测量和控制。通常是先测量矿浆密度，再由密度值换算矿浆浓度。将矿浆密度换算成浓度的首要条件是知道矿浆中固体物的密度。矿浆浓度常用每升多少克固体量表示。若矿浆浓度为 q（g/L），其中固体物的密度为 ρ，那么该矿浆的密度为

$$\rho_x = \frac{\left[q + \left(1\,000 - \dfrac{q}{\rho}\right)\rho_0\right]}{1\,000} \tag{5-14}$$

ρ_0 为水的密度，其值为 1 g/cm³，上式可简化为

$$\rho_x = \frac{q(\rho - 1)}{1\,000\rho} + 1 \tag{5-15}$$

如测出矿浆的密度 ρ_x，要计算矿浆的浓度时，只需将上式进行换算，即

$$q = \left[\frac{(\rho_x - 1)\rho}{\rho - 1}\right] \times 1\,000 \tag{5-16}$$

式中，q——矿浆浓度，g/L；

　　ρ_x——矿浆密度，g/cm³；

　　ρ——矿浆中固体物的密度，g/cm³。

计算矿浆浓度（固体含量）的公式为

$$q = \frac{\delta(m - 1\,000)}{\delta - 1} \tag{5-17}$$

式中，q——矿浆浓度，g/L；

　　δ——入浮煤泥真密度，g/L；

　　m——1 L 矿浆的质量，g。

例如：已知入浮煤泥真密度 $\delta = 1.50$ g/cm³，称得 1 L 矿浆的质量 $m = 1\,030$ g，则入浮煤浆浓度为

$$q = 1.50 \times \frac{1.50 \times (1\,030 - 1\,000)}{1.50 - 1} = 135 \ (\text{g/L}) \tag{5-18}$$

若采用测密度的方法测量矿浆浓度,则对密度测量的精度要求较高,且对矿浆中固体物的密度必须进行实测,矿浆中固体物的密度不稳定时,不能采用这种方法。

第四节　压力的检测

选煤厂在生产过程中有许多环节都是在一定压力下进行的,只有把压力控制得合适,才能得到最佳的效果。在许多生产环节中还常常需要将其他参数换算为压差信号进行测量,压差的测量和变送可以利用压差计完成。

压力分为绝对压力、相对压力(即表压力)和大气压力。通常压力表测量得到的压力为相对压力 p,它是绝对压力 p_k 和大气压力 p_d 之差,即 $p = p_k - p_d$。相对压力有正有负,当绝对压力大于大气压力时,相对压力为正;当绝对压力小于大气压力时,相对压力为负。负压的绝对值称为真空度(即真空表读数)。压力的检测由压力表完成,下面介绍几种常用的压力检测仪表。

一、选煤厂生产常用的压力检测仪表

1. 液柱式压力计

应用液柱测量压力的方法是以流体力学为基础的,一般采用充有水或水银等液体的玻璃 U 形管(或单管)进行测压,如图 5-24 所示。

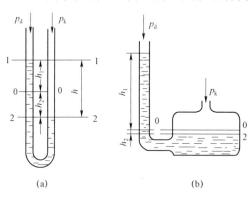

图 5-24　液柱测压法示意

在图 5-24(a)中,当 U 形管的一端通大气,而另一端和被测压力管连接时,U 形管两边管内液面会产生高度差,由此液柱高度差就可以得到被测压力(相对压力)p 的值。

根据静压力平衡原理可知,在图 5-24(a)中 U 形管 2-2 平面上,被测压力作用在右管液面上的力与左管液柱高度和大气压力 p_d 作用在液面上的力平衡,即

$$p_k \cdot S = (h \cdot \gamma + p_d) \cdot S \tag{5-19}$$

式中,S——U 形管内孔截面面积,m^2;

γ——U 形管内液体的重度,N/m^3;

p_d——大气压力，N/m²；

h——左、右两管液柱高度差（$h=h_1+h_2$），m；

p_k——被测压力（绝对压力），N/m²。

由式（5-19）可得：

$$h=\frac{1}{\gamma}(p_k-p_d)=\frac{1}{\gamma}p \qquad (5-20)$$

式中，p——相对压力，N/m²。

由式（5-20）看到，U 形管两边液柱高度差与被测压力 p 成正比，比例系数 $1/\gamma$ 取决于工作液的重度，因此，被测压力的表压值可以用液柱高度 h 表示。

如果把 U 形管的一个管改成大直径的杯，即成为单管液柱式压力计，如图 5-24（b）所示。设右杯的内径 D 远大于左管内径 d，由于左管与右杯连通，所以右杯内液体的增加量（或减少量）等于左管内液体的减少量（或增加量），这时右杯液面下降的高度远小于左管液面上升的高度，

由式（5-20）看到，被测压力 p 与单管液柱式压力计中左管液面上升的高度成正比。在管上标出刻度，即可直接读出被测压力。

由于单管液柱式压力计只需读 h_1 就行（不用读 h_1+h_2），所以读数误差比 U 形管压力计小一半。

2. 压力表

测量压力仪表简称为压力表。压力表的种类很多，这里只介绍膜片式压力表和弹簧管式压力表。

1）膜片式压力表

图 5-25 所示为膜片式压力表原理示意，膜片式压力表主要适用于测盘内含固体颗粒和黏度较大的流体（如煤泥水）的压力。当被测介质压力 p 通过下法兰进入压力腔时，膜片 12 受压上移，与膜片固定的推杆 11 也跟着上移，推动活动连杆 10 带动扇形齿轮 8 绕轴 9 转动，使中心齿轮 7 带动指针偏转，压力大小即由表盘直接显示出来。

膜片式压力表有 YP 型和 YM 型两种，YP-100 型可测量液体、气体和蒸汽的压力，特别适合测量黏性介质的压力；YM-100 型可用来测量有腐蚀性介质的压力。

2）弹簧管压力表

弹簧管压力表的结构如图 5-26 所示。弹簧

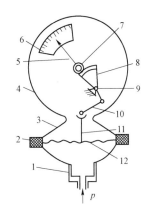

1—下法兰；2—密封垫；3—上法兰；
4—表壳；5—指针；6—度盘；7—中心齿轮；
8—扇形齿轮；9—轴；10—活动连杆；
11—推杆；12—膜片

图 5-25 膜片式压力表原理示意

管 1 的截面一般呈扇形或椭圆形，当被测压力引入弹簧管后，在压力 p 的作用下弹簧管将趋向圆形，使弹簧伸张，其自由端 B 将向上方扩张。自由端 B 的弹性变形位移由拉杆 2 使扇形齿轮 3 作逆时针方向旋转，于是中心齿轮 4 带动指针 5 作顺时针方向旋转，在面板标尺 6 上显示出被测压力的数值。游丝 7 的作用是保证齿轮啮合紧密。

弹簧管压力表有 Y-36Z 型、YB-160 型等多种。Y-36Z 型是普通压力表，适合测量无腐蚀性气体、液体和蒸气的压力。YB-160 型是标准压力表，可作精密测量和检验普通压力表用。

3. 膜片式压差计

内含固体颗粒和黏度较大的流体的压差可用膜片式压差计进行测量，如需要将被测压力转换成电信号输出，可采用图 5-27 所示的带差动变压器的膜片式压差计。

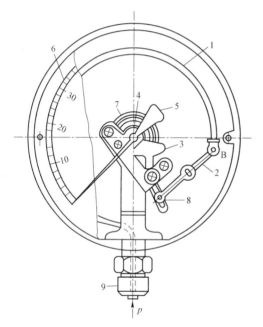

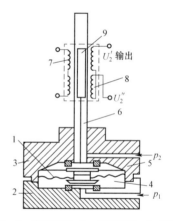

1—弹簧管；2—拉杆；3—扇形齿轮；4—中心齿轮；
5—指针；6—面板标尺；7—游丝；8—调整螺钉；
9—接头

图 5-26 弹簧管压力表的结构

1—膜片；2—高压室座；3—低压室座；4—高压室；
5—低压室；6—位移杆；7—差动变压器原线圈；
8—差动变压器副线圈；9—移动铁芯

图 5-27 膜片式压差计

如图 5-27 所示，当高压 p_1 和低压 p_2 的压力相等时，膜片 1 处于平衡位置，此时移动铁芯 9 处于差动变压器中央位置。原线圈接交变电压，由于两个副线圈匝数相等，接法相反，互相串联，所以副线圈感应电压 $U_2' = U_2''$，并且相位相反，输出电压 $U_2 = U_2' - U_2'' = 0$。当 $p_1 > p_2$ 时，则膜片带动移动铁芯下移，使 $U_2'' > U_2'$，输出电压 $U_2 = U_2' - U_2'' = 0$。当 $p_1 < p_2$，U_2 的大小反映了 p_1 和 p_2 压力差的大小。这样就把压力信号转变为电压信号，可通过仪表显示间接反映压力差值的大小。

将膜片式压差计和电子差动仪配合使用（如图 5-28 所示）可以将压差信号远传并记录下来。下面介绍电子差动仪的工作原理。

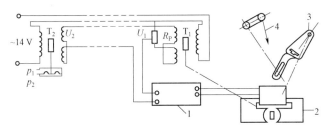

1—晶体管放大器；2—可逆直流电动机；3—传动连杆系统；4—记录笔

图 5-28　电子差动仪原理图

电子差动仪由差动变压器 T_1、晶体管放大器 1、可逆直流电动机 2、传动连杆系统 3 和记录笔 4 组成。差动变压器 T_2 的输出电压 U_2 反映了被测压力差（p_1-p_2）的大小，当 $p_1-p_2=0$ 时，T_2 的铁芯处于中间位置，此时 $U_2=0$。差动变压器 T_1 的输出电压经电位器 R_P 分压后输出电压 U_1，电压 U_1 与 U_2 串联后送往晶体管放大器输入端。当 T_1 的铁芯也在中间位置时，$U_1=0$，放大器输入电压和输出电压都为零，可逆直流电动机不动。当压差信号大于零时，变压器 T_2 输出电压 $U_2>0$，直流放大器有电压输入和输出，可逆直流电动机通过传动连杆系统 3 带动记录笔 4 位移，并把压差的数值记录下来。显然记录笔移动的距离和压差值成正比。可逆直流电动机同时带动变压器 T_1 铁芯上下移动，从而改变变压器 T_1 输出电压 U_1 的大小，直到 T_1 铁芯和 T_2 铁芯位置相对应时，放大器的输入电压和输出电压均为零，可逆直流电动机停转。当压差信号小于零时，可逆直流电动机带记录笔向相反方向移动，并记录下压差值。

第五节　流量的检测

单位时间内流过管道某截面流体的数量叫作流量。流量分为体积流量和质量流量。测量流量的仪表叫作流量计。体积流量的单位有 m^3/s 和 m^3/h；质量流量的单位有 kg/s 和 kg/h 等。在一段时间内流过管道某截面流体的总和叫作总流量。测量总流量的仪表叫作计量表，体积总流量单位为 m^3 和 L；质量总流量单位为 kg 和 t。下面介绍几种选煤厂中常用的流量计。

一、选煤厂生产常用的流量检测装置

1. 压差式流量计

压差式流量计是根据流体在管路中流动时由于流速不同而产生静压差的原理来

测量流量的，压差式流量计由节流装置、压差计和引压管等组成，如图5-29（a）所示。

流体在管道中流动时具有动能和位能（势能），并在一定的条件下，可以互相转换，但能量总和（机械能）是不变的。如图5-29（b）所示，设流体在平直管道4中流动，由于管道中充满了流体，所以流动是稳定的，即在同一时间通过管道各截面的流量相等。流体遇到节流装置时，流束缩小会引起流速的增大，流速的增大又会引起流体动能增大。根据能量守恒定律，动能增加必然引起位能下降，静压力也跟着下降，因此节流装置前、后出现静压差。通过测量此静压力差，便可求出流速和流量。

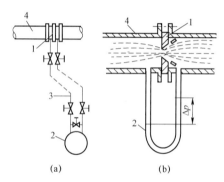

1—节流装置；2—压差计；3—引压管；4—管道

图5-29　压差式流量计

设流体在节流装置前的流速为v_1，静压力为p_1，密度为ρ。流体流经节流装置时流速为v_2，静压力为p_2，如忽略流体在管路中的能量损耗，根据能量守恒定律可得到

$$\frac{p_1}{\rho} + \frac{v_1^2}{2g} = \frac{p_2}{\rho} + \frac{v_2^2}{2g} \tag{5-21}$$

由于管道内径D远大于节流装置孔径d，所以$v_2 \geqslant v_1$，当$D \geqslant 10d$时，可忽略v_1，令$v_2 = v$，于是得到

$$\Delta p = p_1 - p_2 = \frac{v_2^2}{2g}\rho = \frac{v^2}{2g}\rho \tag{5-22}$$

又因为流量$Q = Sv$（S为节流孔处截面面积），或者$v = \dfrac{Q}{S}$，代入式（5-22），经整理得到

$$Q = S\sqrt{\frac{2g}{\rho}\Delta p} = K\sqrt{\Delta p} \tag{5-23}$$

式（5-23）表明流量Q与$\sqrt{\Delta p}$成正比。测出静压力差Δp，即可计算出流量。

这种流量计结构简单，价格便宜，可用来测量矿浆等各种液体的流量。但这种流量计不宜用在温度、压力经常变化的地方，因为温度和压力变化要引起流体密度的变化，使测量误差增大。

2. 涡轮流量计

涡轮流量计是一种速度式仪表，它的结构如图 5-30 所示。涡轮 1 的叶片由高导磁材料做成，并将其装在导管中心线上摩擦力很小的轴承 2 中。当流体轴向流过涡轮时推动叶片使涡轮转动，其转速近似正比于流量 Q。

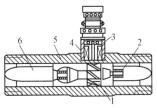

在非导磁壳体 5 的上方装有由感应线圈 4 和永久磁钢 3 组成的磁电装置，涡轮转动时，叶片在经过磁钢下部时可改变磁路磁阻，通过线圈的磁通量就会发生变化而感应出一个电脉冲信号，如果每秒有几个叶片经过磁钢下部，则每秒就会产生几个电脉冲信号。涡轮旋转越快，每秒产生电脉冲信号就越多，即脉冲信号频率越高。由于涡轮的转数和流量成正比，所以脉冲信号频率 f 也与流量 Q 成正比。记录此脉冲信号数量，可间接反映流量值。

1—涡轮；2—轴承；3—永久磁钢；
4—感应线圈；5—壳体；6—导流器
图 5-30 涡轮流量计的结构

导流器 6 的作用是使流体进入涡轮前先导直，保证流体轴向推动涡轮，以免流体自旋而影响测量精度。

涡轮流量计的优点是精度高、量程宽、灵敏且信号能远传。但因转速高，轴承寿命短（2 500～5 000 h），所以涡轮流量计只适用于测量轻油类流量，如煤油、汽油、柴油以及黏度不大的油类。

3. 转子流量计

转子流量计又叫作浮子流量计，它的结构如图 5-31 所示。转子流量计必须安装在垂直管路中，被测流体从下口进入，从上口流出。浮子有各种不同的形状，以适应不同的测量对象。玻璃管略有锥度，直径随高度略有增加。

浮子与玻璃管之间形成一个环形过流断面。当流体由下向上流动通过环形过流断面时，会在浮子的上、下产生压差。浮子在压差作用下产生上升力。流速越高，压差越大，浮子得到的上升力也越大。

浮子在被测流体中存在重量（即浮子重量减去浮力），当上升力大于质量时，浮子上升；随着浮子的上升，它与管壁之间的环形过流断面不断增大，其流速也逐渐下降，浮子受到的上升力也随之减小，当上升力与浮子在被测流体中的质量平衡时，浮子就稳定在这个高度上。

显然，流量越大，浮子达到平衡时的位置也就越高，这时流体流量 Q 与浮子平衡时对应的最大截面的高度 h 呈线性关系，即

$$Q = K \cdot K_a \cdot h \qquad\qquad (5-24)$$

式中，K——正比系数；

$\quad\ \ K_a$——流量系数；

$\quad\ \ h$——最大截面的高度。

由浮子平衡时对应的高度 h 处的刻度值就可得到流量，还可以将浮子的高度经过变换器转换成电量后进行显示、传送以及自动记录。

转子流量计只适合测量不含固体颗粒的液体或不含杂质的气体，否则易堵塞环形过流断面，导致测量误差增大。

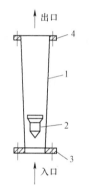

1—略有锥度的玻璃管；2—浮子；
3—下连接法兰；4—上连接法兰
图 5-31 转子流量计的结构

4. 电磁流量计

电磁流量计适合测量各种导电流体或含固体颗粒的矿浆以及悬浮液的流量。选煤厂的工业用水具有良好的导电性能，所以可用电磁流量计来测盘其流量。尤其对于煤浆、煤泥水、矿浆等流量的测量，电磁流量计是一种有效的工具。

电磁流量计主要由电磁式流量变送器和电磁式流量转换器两部分组成，用来测量各种导电的液体或含固体颗粒的矿浆以及悬浮液的流量。在选煤厂生产过程中，电磁流量计主要用来测量浮选入料、滤液流量及水的流量。

1）电磁式流量变送器

电磁式流量变送器主要是将管路中流过的流体的流量转换为对应的电势信号，再经转换器输出与流量成正比的统一标准电流信号以及 0～10 kHz 的频率信号，如与电动单元组合仪表及计算机配套使用，可对流量进行调节、记录、计算等，实现整个系统的自动控制。

电磁流量变送器原理示意如图 5-32 所示，主要由流体导管、磁极（或励磁绕组）和安装在导管两侧的电极组成。导管内的液体流过导管时切割磁力线，液体中产生感应电动势，并由装在导管壁上的一对电极输出（电极安装在导管两侧，左、右各一个，直接与被测液体接触）。

2）电磁式流量转换器

电磁式流量转换器的工作原理示意如图 5-33 所示。

将由转换器给出的 50/8 Hz、脉宽为 60 ms、间歇为 20 ms 的矩形波恒流信号加到传感器励磁线圈上。

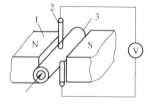

1—磁极；2—电极；3—流体导管
**图 5-32 电磁流量变送器
原理示意**

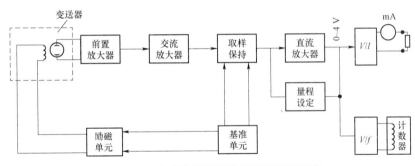

图 5-33　电磁式流量转换器工作原理示意

电磁式流量变送器电极感应出的流量信号，由场效应对管组成的前置级传输到由运算放大器组成的放大电路，在放大 K 倍后，经过取样保持电路将矩形波转换为直流电压，直流电压经过量程设定放大成为 0～4 V 的直流信号，0～4 V 的直流信号经过 V/I 单元板转换成为 4～20 mA 的电流输出，此 4～20 mA 电流是与转换器隔离的，输出可以对地。0～4 V 的信号经过 V/f 转换后，可拖动计数器进行流量累计。

为了避免磁力线被测量导管短路，并使测量导管在较强的交变磁场中降低涡流损耗，测量导管不允许采用金属导磁材料制造（金属导管在交变磁场中会产生涡流损耗，并使感应电势短路），一般都用非导磁材料的不锈钢或玻璃钢等材料制造。导管内壁与电极之间要绝缘，导管内壁要加绝缘衬里，以便防腐并使导管内壁光滑，同时防止感应电势被短路。一般衬里材料可酌情采用搪瓷、橡胶和环氧树脂等绝缘材料。检测部分的磁场可以用直流磁场，也可以用交变磁场。直流磁场一般用永久磁铁实现，结构比较简单。但由于直流磁场会在两电极间产生直流电势，引起被测液体的电解，破坏原来的测量条件，所以电磁流量计多采用交变磁场。

5. 超声波流量计

1）LCD-3 型超声波流量计

LCD-3 型超声波流量计是高性能多普勒超声波流量计，主要用于大多数工业环境中的浆体、污水、重油以及清水的测量，可适应几乎所有硬质材料制造的闭合管道，可测管径为 25～3 000 mm。所测流体流速越高，压力越小，要求可测流体的干净程度越高，同时对探头安装选点要求也越高。一般要求测量点前、后应有相当于导管直径 3～5 倍的直管，固体含量大的液体，其前、后直管段大于 $6D$，测点最好远离变径管。该仪表采用非接触式测量方式，探头贴于管壁外侧，不与流体接触，从根本上解决了接触式仪表的磨损、缠绕与腐蚀等问题，已广泛应用于选煤、发电、石油等行业。

该流量计由一对传感器、多普勒频率生成电路及计算机电路组成。传感器紧贴于管路外壁，向流体连续发送超声波，遇到流体中的气泡、颗粒、悬浮物等介质而发生反射，被接收探头接收，而这种信号和发射信号间的频差与流速成正比，经过对信号的复杂处理与频谱分析，即可得出流体的平均流速。

LCD-3 型超声波流量计采用先进的 16 位单片机技术，具有人机对话功能，实现了对信号的自动调节和自动跟踪，由于采用了频谱分析技术，所以拓宽了所测流体的范围。其工作原理示意如图 5-34 所示。

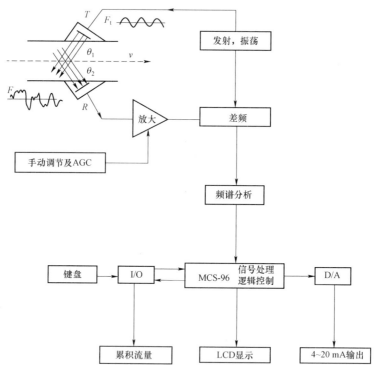

图 5-34 LCD-3 型超声波流量计的工作原理示意

2）LCZ-80 型微电脑超声波流量计

LCZ-80 型微电脑超声波流量计是利用超声波传播原理测量圆管内液体流量的仪表。探头（检测元件）贴装在管壁外侧，不与流体直接接触，所以对管路系统无任何影响，且使用十分方便。该仪表可用于测量工业用水、污水以及其他均质流体。测量管道可以采用钢、铸铁、铝及其他预先规定的材料，测量管径为 75~2 200 mm，流速为 0~6 m/s。

LCZ-80 型微电脑超声波流量计采用了先进的锁相环（PLL）技术，配以专用微机系统参与控制、计算、显示、打印及数据处理，具有人机对话、信号自动跟踪、灵敏度自动调节、雷诺数和温度自动补偿、模拟量远传等功能。该仪表的工作原理示意如图 5-35 所示。

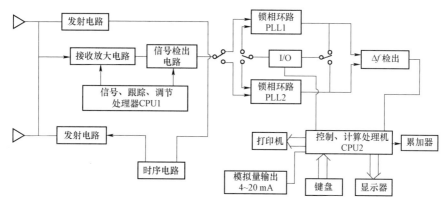

图 5-35　LCZ-80 型微电脑超声波流量计的工作原理示意

整个电路可分为探头激励发射电路，信号接收放大电路，信号自动跟踪、检测、整形电路，PLL 锁相环、N 分频及其保护电路，计数器电路，专用计算机电路等几部分。

第六节　物位的检测

在工业生产中，常常需要对各种物料界面位置进行测量，如液体、固体料位高度和它们分界面位置的测定等，这些测量统称为物位测量。

物位测量在工业上应用很广，一般有两个目的：一是计量，根据物位确定原料和产品的数量；二是通过物位反映生产情况，以便有效地控制生产（如根据煤仓煤位分配装仓等）。

物位测量在选煤厂自动化生产中具有重要作用：水泵的自动化通过水池液位作为启停控制信号；重介质选煤系统通过测定指示管液位反映介质密度；煤仓通过料位计测定料位高度等。物位测量的方法和仪表种类很多，本书仅简要介绍常用的几种。

1. 浮标式液位计

浮标式液位计是应用较早的一种液位测量仪表。由于它结构简单、造价低廉、维护也比较方便，所以应用较为广泛。

如图 5-36 所示，将浮标用绳索挂在滑轮上，浮标所受重力和浮力之差与挂在滑轮另一端的平衡重物的拉力平衡，保持浮标可以随意地停留在任一液面上。当液面上升时，浮标所受的浮力增加，破坏了原有的平衡，浮标沿导轨向上移动，直到达到新的力平衡时才停止移动。重物带动指针，可以指出液位数值。浮标式液位计还可以通过光电元件及机械齿轮等进行计数并将信号远传。

有一种浮标式液位计，它是在浮标内放置一个磁环（当浮标随液面改变位置时，此磁环连同它一起上下移动），同时在浮标中间穿过一根铝管，铝管内按所需控制的液位高度放置几支干簧管，每当带磁环的浮标到达干簧管的位置时，干簧管的常开节点或常闭节点动作，可以直接控制有关设备的磁力启动器，如图 5-37 所示。利用这种液位计可以很方便地控制浮选用油箱的油位，实现油泵远距离自动控制，其线路简单，动作可靠。

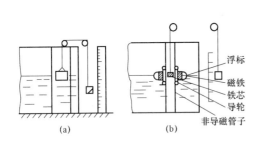

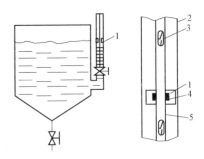

1—浮标；2—有机玻璃管；3—干弹簧；
4—磁芯；5—铝管

图 5-36 浮标式液位计

（a）示意图；（b）密闭式

图 5-37 UX 型液位计

在使用中应注意，不能用闭合铁环作固定有机玻璃管的夹环，尤其不能放置在上、下液位附近的地方，否则会由于浮标内磁环与铁夹环的相互作用而影响动作的可靠性。

2. 单管压差式液位计

单管压差式液位计主要是将被测定的液位信号转换为压差信号 Δp，并通过压差变换器将其变换为相对应的标准电流信号 I。

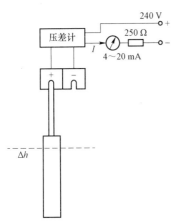

图 5-38 单管压差式液位计的
工作原理示意

图 5-38 所示为单管压差式液位计的工作原理示意，它是将单管（口径约为 100 mm）插入被测液体中，其中单管由胶皮管与气压室连接（注意连接要严密结实，不能有漏气），气压室通大气。根据前面单管测压计原理的分析可知，输入的压差 $\Delta p = \Delta h \cdot \gamma$，即压差 Δp 正比于插入液体的深度 Δh，再经过压差变换器的转换、处理和放大，恒流输出标准电流信号 I，$I = K \cdot \Delta p = K \cdot \gamma \cdot \Delta h$，即输出电流 I 正比于 Δh，反映了被测液体液位的高低。配以 CECC 型电容式压差变换器的单管压差式液位计广泛地应用于选煤厂重介介质桶液位、浮选工艺矿浆准备器液位和真空过滤机液位的测量。

3．电极式物位测量

1）电极式液位计

电极式液位计用于测量导电液体的液位。如图 5-39 所示，电极 1、2 由比液体电阻率高许多的金属材料制成，设其电阻率为 ρ。由于 $\rho \geqslant \rho_{液}$，故可忽略液体的电阻率。设棒状金属电极（不锈钢）的截面为 S，液位高度为 h，电极长度为 L，则电极电阻为

$$R = \rho \frac{2}{S}(L-h) = \frac{2\rho}{S}L - \frac{2\rho}{S}h = K_1 - K_2 h \qquad （5-25）$$

即金属电极电阻 R 随液位高度而变，h 升高，R 下降，电极回路电流增大，可通过电流值反映液面的高低。

图 5-40 所示是用电极式液位继电器控制水箱液位保持一定高度的原理示意。在水箱内设 3 根金属电极（B_1、B_2、B_3），当液位与电极 B_2 接触时，水将 B_1、B_2 连在一起，继电器 1KA 通电动作，常开节点 $1KA_2$ 闭合，使中间继电器 2KA 动作，切换节点 $1KA_1$ 动作，红灯 HR 燃亮，绿灯 HG 熄灭，以报警显示。同时，中间继电器的切换节点 $2KA_1$、$2KA_2$ 动作，接通电动机控制回路，使水箱放水（图中未画出），$2KA_1$ 动作后，液位开始下降，液位低

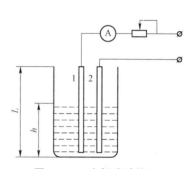

图 5-39　电极式液位计

于 B_2 后，继电器 1KA 仍通过 B_3 和 B_1 接通，直到水位低于 B_3 时才断电，水箱停止放水。这样就使水箱水位永远不会高于 B_2，防止溢流事故发生。

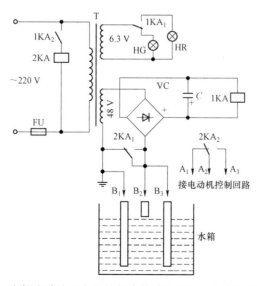

图 5-40　电极式液位继电器控制水箱液位保持一定高度的原理示意

电极式液位继电器多用于小型单个使用的泵的自动化控制,如滤液泵、清水泵、排污泵等的液位控制。

2) 电极式煤位计

电极式煤位计适用于测量导电介质的料位。由于煤也是导电的,故可用电极式煤位计测量煤仓煤位。图 5-41 所示是煤仓煤位检测原理示意。电路中的三极管 VT_5、VT_6 组成射极耦合触发器(施密特电路)。当仓满时继电器 KA 动作。

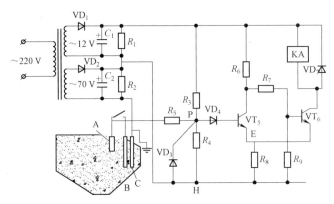

图 5-41 煤仓煤位检测原理示意

在煤仓中放置 3 个电极,长电极 C 接地,辅助电极 B 接继电器常开触头,短电极 A 接电阻 R_5。当煤仓煤位低于短电极时,三极管 VT_5 导通,VT_6 截止,继电器 KA 释放。

70 V 的交流电经 VD_2 半波整流和 C_2 滤波后变成 100 V 直流向电极回路供电。当煤位接触短电极 A 时,电极回路导通,其路径是 100 V(+)→ VD_3 → R_5 → 短电极 A → 煤(电阻)→ 长电极 C → 100 V(-)。由于二极管 VD3 的钳位作用,P 点电位接近 H 点电位,而 H 点电位又低于 E 点电位,故 P 点电位低于 E 点电位,三极管 VT_5 呈反向偏置而截止,其集电极电位升高,使三极管 VT_6 饱和导通,继电器 KA 动作。KA 的常开触头闭合,起自保作用,它的另一常开触头闭合以控制仓满信号和有关装置。

辅助电极 B 的作用是当继电器 KA 动作后,其常开触头闭合,将辅助电极 B 和短电极 A 并联,在煤位低于短电极 A 时,仍能保持继电器吸合,直到煤位低于辅助电极 B 时,继电器 KA 才释放表示空仓。若没有辅助电极 B,则煤位刚低于短电极 A,继电器 KA 就释放,造成假空仓现象。

实践证明,在使用中由于煤仓中的电极难以固定,且维护困难,所以多年来电极式煤位计一直没有得到很好地应用及推广。

4. 电容式物位测量

电容法可以用来测量导电和非导电介质的物位。当在平板电容器之间充以不同介质时，其电容量的大小也有所不同。如充以固体、液体介质时的电容量远比充以气体介质时大。因此，可以通过测量电容量的变化来检测液位、料位和两种不同液体的分界面。

1）电容式液位计

（1）电容式液位计的结构及组成。电容式液位计由一次传感器和二次仪表组成。一次传感器包括测量前置放大器、电容绳和重锤。二次仪表包括显示仪表、放大电路等。

一次传感器的前置放大器装于铝合金外壳中，通过一定的锁紧机构与电容绳紧固。外壳的上盖及易进水部分采用橡胶垫密封，具有较好的防水、防尘性能。一次传感器安装在被测现场，安装处一般宜选择在远离液体进、出口距箱池壁约 250 mm 的地方。一次传感器的安装一定要保证可靠接地，对于非导电容器，为测量可靠须加装一辅助电极。一次传感器安装示意如图 5−42 所示。

二次仪表为盘装式。仪表面板上设有指示表头、开关、指示灯等。仪表的印制电路板固定在仪表箱内的骨架上，电路板上还固定有零点、满值调整电位器及量程选择开关，仪表的端部设有接线端子。

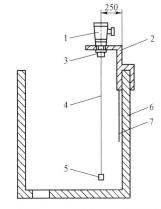

1—传感器；2—安装架；3—固定螺母；
4—电容绳；5—重锤；
6—水箱；7—辅助电极

图 5−42　一次传感器安装示意

（2）电容式液位计的工作原理

一次传感器的电容绳选用优质绝缘导线，它实质上是随被测液位而改变其电容量的可变电容器。导线的芯线是一次传感器的一个电极，绝缘层是中间介质，导线进入被测液体中，此液体就是一次传感器的另一个电极。当被测液位升高时，一次传感器两极的面积变大（液位降低时相反），一次传感器的电容和液位是成比例变化的。

其电容变化量为

$$\Delta C \approx \frac{2\pi\varepsilon h}{\lg\dfrac{D}{d}} - C_0 \qquad (5-26)$$

式中，C_0——容器中液体放空后，空气的初始电容；

　　　ε——绝缘介质的介电常数；

　　　h——一次传感器浸入导电液体内的深度；

　　　D——绝缘导线的外径；

　　　d——导线芯线的直径。

导电液体测量探头结构示意如图 5-43 所示。

当被测液体为非导电液体时，电极采用裸导线，导线为一电极，容器为另一电极，测量液体为中间介质，如图 5-44 所示。其电容变化量为

$$\Delta C \approx \frac{2\pi\varepsilon h}{\lg \frac{D}{d}} - C_0 \qquad (5-27)$$

式中，ε——非导电液体的介电常数；

D——容器内径；

d——导线直径；

H——导体浸入液体的深度。

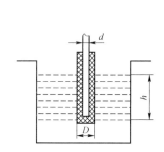
图 5-43 导电液体测量探头结构示意

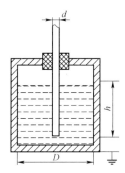
图 5-44 非导电液体测量探头结构示意

根据上述可知，电容式液位计的测量原理是被测液位变化时，一次传感器的电容量也产生相应的变化，一次传感器内部的前置测量线路将此电容值转换成相应的直流信号，再送到二次仪表放大显示，如图 5-45 所示。

在图 5-45 中，一次传感器的前置放大器由 LC 振荡器和测容环节组成。LC 振荡器所产生的频率和振幅都将一定的交流信号作为测容环节的工作源，通过测容环节将液位变化引起的电容变化转换为直流电流变化，并将此电流信号输入二次仪表。

二次仪表由输入、调零、放大、满值调整、电压-电流转换、限位报警、电源等电路组成。由前置放大器输入的信号经放大后，由电流表模拟显示液位变化，又经变换后输出 4～20 mA 直流信号。

仪表的上、下限报警环节由特制的控制型电流表、放大器及继电器构成。电流表中附有光电管和光源，当电流表指针到给定位置时，指针带动的遮光板遮断光源，电流表内光电管由导通到截止，光电管的电流作为放大三极管的偏流，推动继电器，点亮面板上相应的指示灯并输出节点信号。

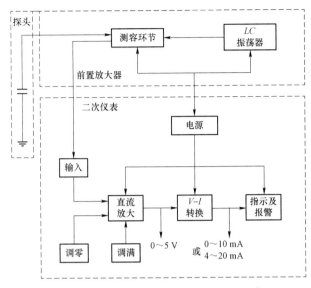

图 5-45　电容式液位计的工作原理示意

（3）电容式液位计的适用范围

电容式液位计适用于选煤厂各种箱、仓、池水位的连续测定，如离心液池、生产用水箱、循环水箱、冷却水泵池、澄清水池、污水池、水塔等场所；选煤厂各种油箱的油位检测；其他工况过程中各种储槽、容器导电或非导电介质液位的远距离连续测量和指示，但不适用于黏性导电介质的液位测量。

仪表输出 4～20 mA（或 0～10 mA）标准信号，能方便地作为变送器同其他仪表及计算机配用，实现液位的监控。

仪表设有上、下限位报警机构，除显示外还可输出位式控制节点信号，实现上、下液位自动控制。

2）电容式物位计

电容式物位计用于测量各种导电和非导电固体散状物料的物位高低。

对于非导电物料，仓由金属制成或内衬金属板。电容变换器采用钢丝绳制成，其下端悬挂金属重块。它的结构和测量系统如图 5-46 所示。

钢丝绳起到电容变化作用，上部吊挂处设有绝缘设施。金属重块使钢丝绳拉直、自然下垂。钢丝绳也可用两根钢丝绳绞合在一起，以增加电极表面面积。

在空仓时，钢丝绳电极与金属仓壁形成一个电容器，介质为空气，其电容量为 C_0，初始电容在测量装置已定的情况下是固定的，当物位处在某一高度位置时，由于物料的介电常数与空气不同，所以这一部分的电容量会发生变化。电容的变化量与物位及物料的介电常数有关，而固定物料的介电常数可以认为是不变的，所以电容量的变化 ΔC_x 只与物位有关，并可得出如下关系式：

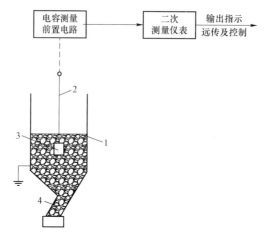

1—金属仓；2—钢丝绳；3—金属重块；4—非导电物料

图 5-46　非导电物料电容式物位测量系统

$$C_x = C_0 - K_1 h \qquad (5-28)$$

式中，C_x——电容变换器输出电容量；

　　　C_0——初始电容，为空仓时的输出电容量；

　　　K_1——常数（K_1 与空仓和电极的尺寸、物料介电常数有关）；

　　　h——物料高度。

电容测量前置电路将电容 C_x 转换成相应的电流信号，并远传至二次测量仪表。

5. 超声波物位测量

超声波是指频率高于 20 kHz 的声波。应用超声波测量物位，首先要解决发射和接收超声波的问题，通常利用声-电换能器来完成。目前应用最广泛的是压电晶体声电-换能器，它是根据"压电效应"和"逆压电效应"来实现声能和电能相互转换的。

某些电介质物体（如压电晶体或压电陶瓷）在沿一定方向受到压力或拉力作用而发生变形时表面上会产生异性电荷，当外力去掉时物体表面电荷消失而呈现不带电状态，这种现象叫压电效应。具有这种压电效应的物体叫作压电材料或压电元件。如在压电元件两端面周期性地施加外力，并将两端面通过电流表用导线连接起来，则在闭合电路中有与外力同频率的交变电流通过，这种现象称为正压电效应，如图 5-47（a）所示；反之，在晶体两端通以交变电流时，则压电元件会产生与电流同频率的机械振动，向附近介质发射声波，这种现象称为负压电效应，如图 5-47（b）所示。

用超声波测量物位就是利用压电元件的压电效应在介质中发射和接收超声波。当超声波从一种介质向另一种介质传播时，在两种密度不同介质的分界面处会产生传播方向的改变。一部分被反射（入射角等于反射角），另一部分折射到相邻介质中。当两种介质的密度相差悬殊时，声波几乎全部被反射。如超声波从气体向固体、液体传播，或者从液体、固体向气体传播，在气-液或气-固分界面处几乎全部被反射回来。

图 5-48 所示为超声波液位计原理示意。放在液面底部的超声波探头（声波换能器）向液面发射短促的超声波脉冲，经过时间 t 后接收到从液面反射回来的回音脉冲。如超声波在液体中的传播速度为 v，则探头到液面的距离为 H，则

$$H = \frac{1}{2}vt \tag{5-29}$$

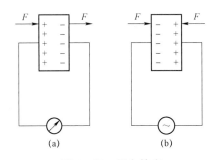

图 5-47 压电效应

（a）正压电效应；（b）负压电效应

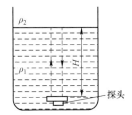

图 5-48 超声波液位计原理示意

传播速度对于确定的液体来说是一定的，所以由发射至接收到反射回来的脉冲所用时间 t 与液位高度成正比，能准确测得时间 t，便可计算出液位高度。

超声波的发射和接收可以由两个超声波探头分别承担，也可以由一个探头轮换承担。由于超声波信号微弱，所以必须经放大后才能送往仪表显示。

超声波物位计没有可动部件，探头和被测介质不接触，由于其对液体、固体的料位都可测量，所以应用范围较广。超声波在介质中的传播速度受温度和压力的影响变化较大，会引起测量误差，因此要采取补偿措施。

目前，超声波物位计是测量煤位的较理想的一种方法。国外引进的测量仪表可测得 50 m 深的煤仓煤位，国内亦有同类产品。

6. 核辐射式物位计

利用物质对放射性同位素射线的吸收作用来测量物位的仪表称为核辐射式物位计。它由辐射源、接收器和显示仪表组成，如图 5-49 所示。图中 1 为辐射源，常用同位素有钴 60 及铯 137 两种，多数采用 γ 射线；接收器有电离室、卤素计数管与闪烁计数器。

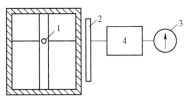

1—辐射源；2—接收器；3—显示仪表；
4—电子转换器

图 5-49 核辐射式液位计的组成

核辐射式物位计通常采用两类测试方案，即固定安装式和随动式。这两种方案都是利用物位高度改变射线吸收厚度的原理来工作的。

第七节　煤灰分及磁性物含量的检测

煤灰分是煤品质的重要指标，与煤的发热量密切相关。焦炭中灰分值每增加1%，将导致炼铁时焦比增加 2%～2.5%，高炉单产降低 2.5%～3%，炉渣增加2.7%～2.9%。因此，控制煤灰分成为降低能耗、提高企业经济效益的重要手段。

煤灰分一直沿用"缓慢灰化法"进行检测，但"缓慢灰化法"存在较大的滞后性，无法在线检测，给生产或使用造成不便。

随着现代电子技术的提高、核物理技术利用的普及，基于探测射线技术的核仪表在工业、医学等领域已经得到了广泛的应用，煤灰分在线检测已变得切实可行。

放射性同位素测量有许多优点，包括测量灵敏度高、可进行在线连续测量、检测元件不与被测物接触、使用方便等。

一、射线的测量

利用放射性同位素对参数进行测量，首先必须接收测量射线的强度，再利用相应的转换关系得到被测参考值。

对 γ 射线接收测量，可采用气体放电计数管、电离室、闪烁计数器等。下面先就选煤厂测试中常用的后两种方法进行分析。

1. 电离室的工作原理

电离室由金属外壳和中间的金属圆棒组成。它们之间相互绝缘，壳体是密封的，里面充满高压绝缘气体，如图 5-50 所示。

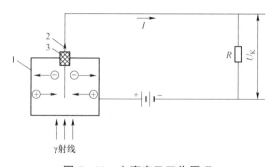

图 5-50　电离室及工作原理

电离室相当于一个电容器，其外壳和中间的金属圆棒各为一电极。在两电极间加一直流高电压，形成很强的电场。当 γ 射线进入电离室后与极板作用，产生二次电子，二次电子的作用使气体分子电离，产生正、负离子。由于电场的作用，正、负离子分别朝两电极方向运动，如图 5-50 所示中箭头所指方向，于是在外电路中形成电流 I。进入电离室的射线越多（即射线强度越大），电流强度就越大。

电离室将射线转换为电流，从而实现了对射线的接收测量。电离室的输出电流是极小的，为 $10^{-10} \sim 10^{-7}$ mA。为了测量这么微弱的电流，必须采用具有极高输入阻抗的特殊放大电路，也就是电离室的输出负载电阻 R 要极大。

因微弱电流采用直流放大时，零点漂移会产生严重的影响，所以通常采用变换器将直流信号变换为交流信号，再采用交流放大器放大测量。变换器可以采用机械振动式、振动电容式、变容二极管式等。

2. 闪烁计数器

闪烁计数器包括碘化钠等闪烁晶体、光阴极和光电倍增管等。将它们装配成不透光的整体，称为闪烁计数器，如图 5-51 所示。

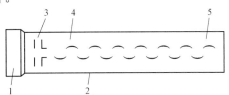

1—闪烁晶体；2—光电倍增管；3—光阴极；
4—倍增极；5—阳极

图 5-51　闪烁计数器

γ 射线穿过闪烁晶体时失去一部分能量，在闪烁晶体中产生可见光。穿过闪烁晶体的 γ 射线失去的能量越多，所产生的可见光能量也越大。用作 γ 射线测量的闪烁晶体常用经铊化的碘化钠晶体。

闪烁晶体内产生的光子通过光耦合投射到光电倍增管的光阴极上。在光子的作用下，光阴极激发出若干光电子。

光电倍增管有 8～14 个倍增极，工作时，从光阴极至第一倍增极和各倍增极之间，直至阳极，依次外加递增的电位，这样光阴极上产生的电子在静电场的作用下射到第一倍增极上，使它产生一定数量的二次电子；在电场的作用下二次电子加速聚集射到下一个倍增极上，这样就产生更多的二次电子。电子依次倍增，直到电子流被阳极收集。在阳极回路中产生随时间变化，反映 γ 射线强度的电流 $I(t)$，在阳极电阻 R_0 上产生相应的压降 $U(t)$。光电倍增管的电路原理如图 5-52 所示。

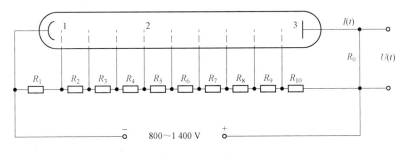

1—光阴极；2—倍增极；3—阳极

图 5-52　光电倍增管的电路原理

光电倍增管的工作电压一般为 800～1 400 V。每个倍增极之间的电压约为几十伏至 100 V。为保证光电倍增管电子倍增数的稳定性，要求所加的高电压具有良好的稳定性。

光电倍增管的输出信号一般先经过射极跟随器再至后级放大。其目的是使阻抗变换以及后级仪表有足够的输入信号功率。

二、γ 射线煤灰分测量仪

γ 射线煤灰分测量仪简称 γ 射线测灰仪。选煤产品的灰分是选煤厂最重要的技术指标。常规测量煤灰分的方法是人工采样、制样、烧灰、称重，不但工序繁杂，而且所需时间很长，不能及时指导生产。目前，γ 射线测灰仪可实现煤灰分自动检测。

1. 利用放射性同位素测量煤灰分的基本原理

把待测煤灰分的煤做成厚度为 D、密度为 ρ 的煤样，然后用强度为 I_0 的 γ 实射线照射，如图 5-53 所示。γ 射线和物质相作用产生的光电效应、康普顿效应和电子偶效应的吸收系数之中，以光电效应的吸收系数对煤灰分的变化最敏感。因为煤灰分是由铝、硅、钙、铁、锰、镁等元素的氧化物组成的，它们的原子序数比煤中碳元素的原子序数大得多，而光电效应的吸收系数和原子序数的 4 次方成正比，所以煤灰分的变化会影响光电效应的吸收系数也随之显著变化，从而引起质量吸收系数 μ 的显著变化。煤灰分高时，质量吸收系数 μ 值大，射线强度衰减也大，穿过和散射（包括反射）射线强度都变小，利用探测器探测出散射 γ 射线的强度，就可测定煤灰分的含量。

低能 γ 射线在照射煤样时，其射线强度的衰减除了与煤灰分含量有关外，还和煤样的水分、粒度组成、松散度等有关。只要合理设计探头尺寸，采用散射法，就能在很大程度上消除煤的松散度和水分的影响，从而提高测量灵敏度。

2. LB3700AS 型测灰仪的原理

LB3700AS 型测灰仪是利用散射法测灰分原理制成的，由探测器（射源、闪烁计数器）和二次显示仪表组成，如图 5-54 所示。

被测物料经采样装置采入，再由电动机将被测物料拖动到螺旋挤压运输机来推进叶轮，向前挤压，使被测物料具有一定的松散度。内装叶轮的挤压段全部是金属制成的，而测量段是塑料制成的，管壁厚度是受到严格控制的，一般按射源的半衰减层厚度设计（即射源放出的 γ 射线经过半衰减时只能有一半射线通过），这完全是为了使射线强度计算变得容易。测量段的一侧安装 1 个平台，平台与测量段管子轴线是平行的，并且在丝杆和调节手轮的作用下，平台可以平行靠近测量段管子轴线。这种结构完全是为了满足测量叶轮对装

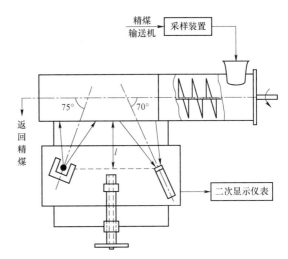

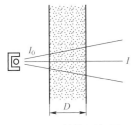

图 5-53　γ 射线测灰原理　　　　图 5-54　LB3700AS 型测灰仪原理示意

置本身的要求，因为平台上安装有辐射源及探测器，探测器的轴线和辐射源辐射轴线要与测量段管子轴线在一个平面上，这样才能保证辐射接收效率，保证在被测物料厚度一定的情况下（测量管直径不变）测量煤灰分时，松散度对煤灰分值没有影响。

　　3. STH-1 型测灰仪的原理

　　STH-1 型测灰仪是依据反散射法测灰分原理制成的，其由探测器（射源、闪烁计数器）和二次显示仪表组成，如图 5-55 所示。

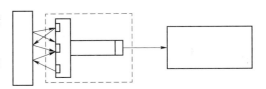

图 5-55　STH-1 型测灰仪原理示意

　　根据反散射法测灰分原理，STH-1 型测灰仪把射源和闪烁计数器制成组合式，放射源装在探测器的左部，6 个镅射源均匀分布在 360° 的圆周上；闪烁计数器密封在铝铸探头右面的空心铝圆柱体内，以防外界电磁场干扰。闪烁计数器由碘化钠闪烁晶体、光电倍增管和射极跟随器组成。闪烁晶体的作用是接收反散射低能 γ 射线，把它转换成可见光并投射到后面光电倍增管的光阴极上，光电倍增管的光阴极接收闪烁晶体投来的可见光，同时被打出光电子；光电子又入射到第一倍增阳极上，产生一定数量的二次电子；二次电子又投射到第二倍增阳极上打出更多的二次电子，如此倍增下去，一直到电子被阳极收集，使阳极电位瞬时下降，产生一个负脉冲电压，经射极跟随器送往二次显示仪表。射极跟随器起阻抗变换作用，以保证二次显示仪表有足够的信号输入。

　　当煤灰分在一定范围内时，γ 射线照射到煤样上，一部分反射回来被探测器回收，同时转换成脉冲电压输出，输出脉冲电压数与煤灰分呈线性关系。灰分越高，吸收能力越强，反射得越少，探测器输出负脉冲频率越低；反之，煤灰分越低，负脉冲频率越高。

二次显示仪表用来把探测器输出的毫伏级负脉冲放大，消除噪声信号，并形成具有一定幅度和宽度的矩形脉冲，然后送往数字电路，经数字处理显示出煤灰分的数值。

三、电感式磁性物含量测量仪

磁性物含量测量仪是重介悬浮液中磁性物含量的在线测量仪表。它与密度计配合使用，可自动计量并显示煤泥含量，进而自动控制其在要求的范围内，以保证生产中所要求的最佳悬浮液特性，提高细粒煤的分选效果，降低介质损失。同时，它还可用于磁铁矿选矿厂的选矿指标控制。

1. 电感式磁性物含量测量仪的结构及组成

该仪表由变送器和转换器两部分组成，两者用3芯专用电缆连接。变送器是一个带有电感线圈的测量导管，与被测管线用法兰连接。转换器主要由机箱、显示仪表及电路板组成。转换器分为墙挂式和台式两种形式。

1）变送器

变送器由螺管线圈、测量导管、接线端子、内衬及外壳5部分组成。其外形如图5-56所示。

测量导管由装有法兰和线圈骨架的导管和内衬组成。内衬可以由耐磨橡胶制成，也可以采用耐磨材料与导管构成一体的方式。

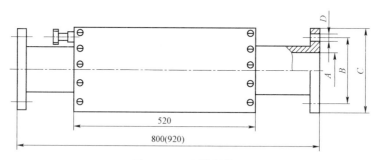

图5-56 变送器外形

螺管线圈由测量线圈、试验线圈和阻尼线圈组成，均绕制在骨架上。

外壳材料为玻璃纤维增强塑料（玻璃钢）。

接线端子用于连接变送器和转换器。

2）转换器

转换器由电路板、母板和外壳组成。电路板包括电源板、振荡板、检测板和电压/电流输出板。

2. 电感式磁性物含量测量仪的工作原理

重介悬浮液多数由磁铁矿粉和煤泥配制而成。磁铁矿粉属于强磁性物质，其磁导率比较高。如果磁铁矿粉均匀分布在悬浮液中，则悬浮液通过变送器时，单位体积内的磁铁矿粉含量与螺管线圈的电感变化量成正比。电感式磁性物含量测量仪就是根据这一原理制成的。

电感式磁性物含量测量仪的工作原理示意如图 5–57 所示。转换器为变送器的螺管线圈提供恒定的经过功率放大的三角波励磁电流。三角波信号作用在螺管线圈之后，线圈的等效电路中有电感、电阻和电容。如果把三角波信号分解为傅里叶级数函数，按各种不同频率的正弦波分量进行分频计算与合成，则三角波信号通过电感时的电压为方波。三角波信号通过电阻时的电压是三角波，通过电容时的电压为抛物线波形。将它们的混合波信号分别送到相位差为 90°的两个检测器，其中一个检测器检测出由电感造成的方波信号，另一个检测器检出电阻造成的三角波信号，因为电容量很小，它的影响可以忽略不计。方波信号是与磁性物含量有关的，此信号进行滤波放大后，通过仪表显示磁含量值；另外，通过 f/I 变换输出电流模拟信号。

3. 电感式磁性物含量测量仪的实际应用

电感式磁性物含量测量仪适用于选煤厂矿浆悬浮液中磁铁矿粉含量的测量，可以单独使用，也可以和有关仪表配合使用，组成控制或调节系统。

由试验结果可知，悬浮液密度、磁性物含量及煤泥含量三者之间符合下列关系式：

$$g_2 = A(\rho_{su} - 1\ 000) - Bg_1 \qquad (5-30)$$

式中，g_1，g_2——悬浮液中的磁性物含量、煤泥含量，g/L；

　　　ρ_{su}——悬浮液密度，g/L；

　　　A，B——与磁性物密度及煤泥密度有关的系数，其计算式为

$$A = \delta_2 / \delta_2 - 1, B = \frac{\delta_2(\delta_1 - 1)}{\delta_1(\delta_2 - 1)} \qquad (5-31)$$

式中，δ_1，δ_2——磁性物及煤泥密度，g/cm³。

在实际应用中，往往将电感式磁性物含量测量仪与密度计配合使用，组成重介质密度调节系统。应用实例如图 5–58 所示。

电感式磁性物含量测量仪与密度计配合使用，可随时检测悬浮液中的磁铁矿粉和煤泥含量及其变化，进而提高分选效果，稳定产品质量；用于磁选系统，可检测磁选机尾矿损失情况，减少介质损耗；用于磁铁矿选矿厂，可随时检测矿浆品位，控制选矿指标。

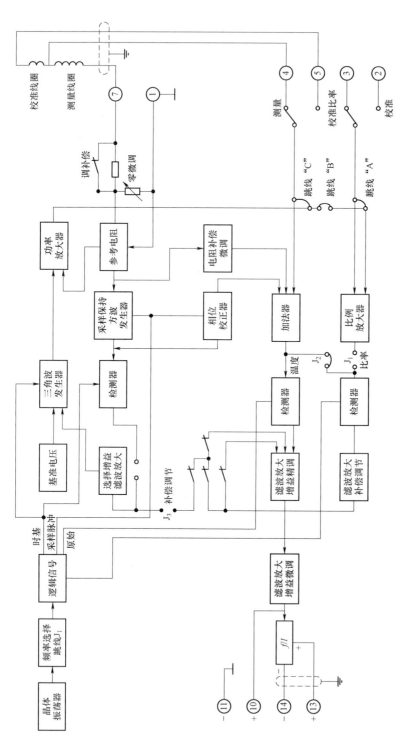

图 5-57 电感式磁性物含量测量仪的工作原理示意

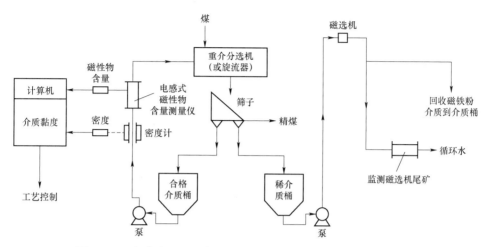

图 5-58　电感式磁性物含量测量仪在重介选煤流程中的应用示意

第八节　质量的检测

选煤厂入选原煤和出厂的最终产品都应进行称量。质量称量分别为静态称量和动态称量两类。对静止的物料（如煤仓、卡车、矿车中的物料）的称量称为静态称量；对流动的物料（带式输送机上、行驶中的汽车和机车车厢里的物料）的称量称为动态称量。

目前，选煤厂质量检测装置主要有 3 种：电子胶带秤、电子轨道衡和核子胶带秤。

一、电子胶带秤

电子胶带秤可以连续测量带式输送机所传送的固体散装物料的瞬时输送量，并可显示某段时间内输送机所通过的物料总质量。它广泛用于测量选煤厂原煤入选量和出厂精煤量，可将对应于瞬时输送量的电信号输送给自动调节装置。

电子胶带秤由秤架、测重传感器、测速传感器和二次仪表等组成。其工作原理示意如图 5-59 所示。

图 5-60 所示为秤架结构示意，称量托辊固定在秤架上，它所承受的物料质量通过不锈钢拉条传递给测重传感器；平衡重锤在静态无负载时用来平衡输送带以及称量托辊及秤架的质量。

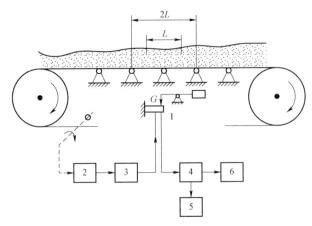

1—测重传感器；2—测速传感器；3—f–I转换器；4—放大器；5—累积计数器；6—瞬时值指标

图 5-59 电子胶带秤的工作原理示意

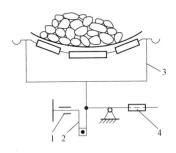

1—测重传感器；2—不锈钢拉条；

3—称量托辊；4—平衡重锤

图 5-60 秤架示意

测重传感器利用电阻应变测量原理示意如图 5-61 所示。带式输送机有效称量段 L 上的物料质量 G 通过秤架作用在测重传感器应变梁的自由端，使应变梁发生弹性弯曲变形。在应变梁上、下两面分别贴有两片电阻应变片 [图 5-61 (a)]，4 片电阻应变片的阻值均为 R。用这 4 片电阻应变片组成等臂电桥，电桥的电源由测速传感器经 f–I 转换器供给。当应变梁不受力时，电桥平衡，输出电压为零。当应变梁自由端受压弯曲时，其上部电阻应变片被拉伸，电阻值增大 ΔR；而下部电阻应变片受压缩，电阻减小 ΔR，此时电桥失去平衡，由此有输出电压 ΔU 输出 [图 5-61 (b)]，有

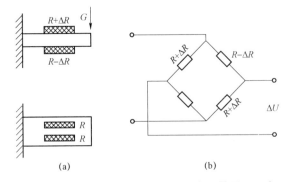

(a)   (b)

图 5-61 测重传感器利用电阻应变测量原理示意

(a) 测重传感器；(b) 电桥电路

$$\Delta U = I\Delta R \qquad (5-32)$$

ΔU 值与应变梁的应变量成正比,即与应变梁受力 G 的大小成正比,$\Delta R = K_1 G$。电流 I 由测速传感器经 f-I 转换而来,所以电流 I 和带式输送机速度 v 成正比,$I = K_2 v$。把 ΔR 和 I 带入 $\Delta U = I\Delta R$,并且当带式输送机速度 v 为常数时,得到:

$$\Delta U = K_1 K_2 G v \qquad (5-33)$$

即电桥输出电压 ΔU 与电子胶带秤在单位时间输送物料质量 G 成正比。

测速传感器一般都采用磁电式变换器,工作原理示意如图 5-62 所示,它由带齿的定子和转子、滚轮和电磁线圈等组成。滚轮放在带式输送机的下输送带上面,输送带运动带动滚轮转动,滚轮通过轴带动转子转动。当定子和转子凸齿相对时,磁路磁阻增大,磁通减小。随着转子的转动,磁通周期性地变化,在线圈中感应出脉动电势,其频率为

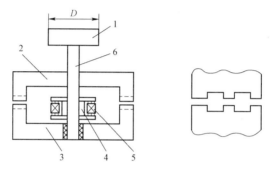

1—滚轮;2—转子;3—定子;4—磁钢;5—线圈;6—轴
图 5-62 测速传感器的工作原理示意

$$f = \frac{nv}{\pi D} \qquad (5-34)$$

式中,π——齿数;

D——滚轮直径;

v——带式输送机速度。

当 D 和 n 一定时,频率 f 和 v 成正比。将此具有一定脉冲电压的频率信号经 f-I 转换器转换成电流后送往测速传感器。

电桥输出电压 ΔU 的大小代表单位时间通过带式输送机物料的质量 G。但此电压太小,所以要经放大器放大,然后经过电压频率转换器把电压 ΔU 转换成具有一定频率的脉冲信号,其频率的大小与 ΔU 成正比,即与 G 成正比。把此频率信号送往计数器,可显示出带式输送机的瞬时输送量。把频率信号通过积分单元送往计数器,就可以测量出带式输送机在一段时间内运送物料的总质量。

目前,在电子胶带秤产品中大部分已采用微处理机进行信号处理,其具有精度高、稳定性好、功能完善、使用方便等特点。

带有微处理机的电子胶带秤的工作原理示意如图 5-63 所示。图中，荷重传感器输出的毫伏电压信号先用前置放大器线性放大，再经电压-频率（U-f）转换器变成频率信号，该信号通过光电耦合器进入计数定时器 CTC。速度传感器将输送带运动速度转换成电脉冲频率信号，经整形后通过光电耦合器进入计数定时器 CTC。采用光电耦合器的目的是电气隔离并提高信号的抗干扰能力。

计数定时器 CTC 具有定时和计数功能，是微处理机与外部进行匹配连接的一种可编程接口芯片。微处理机每隔一段时间采样一次，并对质量信号和速度信号进行运算处理。运算结果经数据总线送到显示器进行显示，或通过 PIO 接口控制打印机和 D/A 转换器。由 D/A 转换器输出一个 4～20 mA 的直流电流信号，以供控制系统或上一级计算机使用。

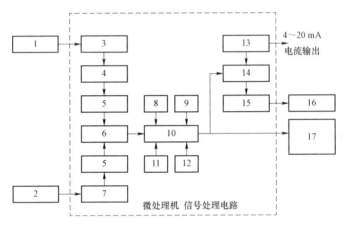

1—荷重传感器；2—速度传感器；3—前置放大器；4—U-f转换器；5—光电耦合器；6—计数定时器；
7—整形；8—ROM；9—RAM；10—CPU；11—时钟；12—键盘接口及自动复位电路；
13—D/A 转换器；14—PIO 接口；15—打印控制；16—打印机；
17—LED 显示、电磁计数器累计显示

图 5-63　带有微处理机的电子胶带秤的工作原理示意

二、电子轨道衡

电子轨道衡安装在铁路轨道上，用来计量铁路运输车辆的自重和运载物料的质量。

电子轨道衡根据称量方式的不同可分为静态和动态两种。两者均采用应变测量原理。整个测量系统包括秤台和二次测量仪表两部分。

秤台包括台面等机械部分和测重传感器。台面上有轨道，车辆质量通过台面及机械机构传递给测重传感器。测重传感器由弹性元件和电阻应变片组成。弹性元件是用合金钢制成的圆筒，上面贴有 4 片电阻应变片。4 片电阻应变片组成测量电桥，其输出电压 U 反映称量的质量。当电桥电源电压稳定时，输出电压 U 与被测质量成正比。测重传感器的输出直流电压一般很小，只有几十微伏，必须经二次测量仪表放大。

目前电子轨道衡已广泛用于销售计量。

三、核子胶带秤

目前除使用电子胶带秤外，核子胶带秤作为一种先进工具已被逐渐推广应用。

核子胶带秤是核子秤的一种，是利用核辐射穿透物质后其辐射强度被减弱的原理来测量输送带上物料质量的装置系统。

核子胶带秤的最大特点在于它的非接触式测量，其不受输送带颠簸、超载、滚轮偏心、输送带张力变化和刚度变化等因素的影响，能在高温及粉尘密度大的恶劣环境下工作，具有运行稳定可靠、测量精度高、安装维修简单的特点。它的应用范围几乎不受限制，在电子胶带秤无法使用的螺旋送料器、刮板输送机、风动送料机及振动溜槽上都可使用核子胶带秤。

1. 核子胶带秤的工作原理

辐射通过物质时，由于被物质吸收和散射，其辐射强度减弱。试验表明，窄束 γ 射线通过物质时的强度减弱服从以下规律：

$$I = I_0 e^{-\mu \rho d} \tag{5-35}$$

式中，I——穿过物质后的 γ 射线强度；

I_0——穿过物质前的 γ 射线强度；

μ——物质对 γ 射线的质量吸收系数，对确定的物质和一定能量的 γ 射线，其值为常数；

d——吸收物质的几何厚度；

ρ——吸收物质的密度；

设输送带上物料宽度为 s，长度为 l，质量为 W。对于固定装置，s 为特定的数值。那么，从上式可以推导出：

$$L = w_0/l = K\ln I/I_0 \tag{5-36}$$

式中，L——单位长度输送带上的质量（称为载荷）；

K——常数，它与物料宽度 s、质量吸收系数 μ 有关。

设输送带速度为 v，则单位时间内通过的物料质量为

$$G = Lv \tag{5-37}$$

那么，在 t_1 到 t_2 时间内输送带运送物料的总质量为

$$W = \int_{t_1}^{t_2} Lv \mathrm{d}t \tag{5-38}$$

根据以上公式，测定电离室电流量并转换成电压信号，使之线性化，确定系数 K，再测量输送带速度信号，将这两个信号相乘可得到一个瞬时质量流信号，将它累加可得到物料的总质量。

2. 核子胶带秤的组成

核子胶带秤主要由以下 5 个部分组成：

（1）放射源及铅室：放射源为 80～100 毫居的铯（137）γ 源，放入铅室中，γ 射线经准直孔射出，铅室周围有十分安全的防护层。

（2）支架：A 型架或 C 型架，可把核源和探测器连接在一起。

（3）探测器：充气电离室作为探测器，工作稳定可靠。它是核子胶带秤的关键部件。

（4）测速机构：用于测量输送带运行速度。

（5）二次仪表：对采集数据进行运算、显示和累计。

3. 核子胶带秤使用注意事项

（1）电网电压不得超过 220 V±5 V，不能满足时应加稳压器。

（2）输送带每米载荷量不得小于 2 kg。

（3）二次仪表与核子胶带秤间距离最大不得超过 150 m，并应防止振动。

（4）在核子胶带秤周围工作时，应注意辐射安全。

（5）到当地公安机关和环保主管部门申请办理使用许可证后，方可安装核胶带子秤。

第六章

选煤厂集中控制

第一节　概　　述

一、选煤厂集中控制介绍

选煤厂集中控制是指对选煤系统中有联系的生产机械按照规定的程序在集中控制室内进行启动、停止或事故处理的控制。集中控制室多设在选煤厂主厂房内或主厂房附近，集中控制室中一般设有反映全厂设备工作情况的模拟盘。对于采用可编程序控制器集中控制的系统，也可用高分辨率的大屏幕图形显示器代替模拟盘，从模拟盘上的灯光和音响信号或大屏幕图形显示器上的设备图形符号颜色的变化可以直观地观察全厂设备的工作情况。集中控制室中还设有具备各种显示仪表、控制开关和控制按钮的集中控制台，可以随时利用这些控制开关、控制按钮来启、停相应的生产设备，在设备发生故障时可以及时停掉部分或全部设备，以避免事故扩大。

选煤厂生产的特点是设备台数多且相对集中，拖动方式简单，生产连续性强。因此，实现设备的集中控制，可以缩短全厂设备的起、停时间，提高劳动生产率。例如，采用单机就地控制的选煤厂全厂设备启动一次约需要 30 min，而采用集中控制只需要几分钟即可启动全厂设备。模拟盘或大屏幕图形显示器可以及时地显示设备的运行状况，大大方便了生产调度，并能够及时对设备故障进行处理，提高了生产的安全性。

我国选煤厂集中控制系统的类型大体经过了以下几个发展过程：

（1）继电器接触器集中控制系统。这种控制系统自 20 世纪 50 年代开始使用，其优点是控制原理简单，操作维护人员容易掌握。这种控制系统的缺点也很明显——体积大、使用电缆芯线多、触点多、故障率高、维护工作量大，现已基本被淘汰。

（2）无触点逻辑元件集中控制系统。20世纪60—70年代在选煤厂中使用的半导体分立元件或集成电路元件组成的无触点逻辑元件集中控制系统缩小了控制系统的体积，性能也得到很大提高，同时也大大降低了系统造价。

（3）矩阵式顺序控制器控制系统。前两种控制系统的控制线路一经完成，逻辑关系就固定下来，再改动就很困难。20世纪60年代末出现的矩阵式顺序控制器控制系统克服了这一缺点，它采用一块二极管矩阵板，可以灵活地实现各种逻辑组合关系，更改极为方便，且配线简单。

（4）一位机集中控制系统。采用大规模集成电路组成的一位微处理器具有集成度高、体积小、指令少（仅有16条指令）、原理简单易学等优点。用一位微处理器组成的一位微型计算机称为一位机。一位机在20世纪80年代初被广泛用于各种工业自动化装置。由于一位机对量大面广的开关的控制极为方便，因此一位机集中控制系统也曾被许多选煤厂采用。

（5）可编程序控制器集中控制系统。可编程序控制器（Programmable Logic Controller，PLC）是一种主要针对开关量控制的工业控制微型计算机。它具有编程简单、使用操作方便、抗干扰能力强、能够适应各种恶劣的工业环境等特点，较前几种系统可靠性要高得多。因此，可编程控制器集中控制系统逐步取代了其他几种集中控制系统。

随着我国选煤厂技术改造的不断深入，旧的集中控制系统已逐步被可编程序控制器集中控制系统所代替。本章主要介绍可编程序控制器（PLC）的基础知识。

二、选煤厂生产工艺对集中控制系统的要求

选煤厂工艺流程的连续性使生产设备之间的制约性强，一般均为连续生产，不能单独开启某一台设备进行生产。在储存及缓冲设备之后的任何一台设备的突然停车，都将造成堆煤、压设备、跑煤和跑水等现象，引起事故范围扩大。因此，选煤厂集中控制系统应遵循如下原则。

1. 启动、停车顺序

选煤厂生产工艺流程的连续性要求选煤厂设备的启动、停车必须严格按顺序进行。

1）启动顺序

原则上是逆煤流逐台延时启动，启动延时时间一般为3～5 s，以避开前台电动机启动时产生的冲击电流，减小对电网的冲击。逆煤流逐台延时启动的优点是在生产机械未带负荷之前能够对生产机械的运行情况进行检查，待所有其他设备运转正常后启动给煤设备，可以避免某台设备故障造成压煤等现象。若采用顺煤

流启动，则能够缩短设备的空转时间，从而节省电耗，减少机械磨损，但无法避免设备故障引起的压煤现象。因此，选煤厂一般采取逆煤流启动顺序。

2）停车顺序

正常时，应顺煤流方向逐台延时停车，延时时间为该台设备上的煤全部被转运至下台设备所需的时间。故障时，当现场的故障检测装置动作以后，故障设备及其上游设备立即停车，其下游设备经延时，待煤流排清以后依次停止停车；出现紧急情况，按下大屏幕上的模拟紧急停止按钮，所有设备立即停车。

2. 闭锁关系

集中控制系统应有严格的闭锁关系，以确保某台设备故障时不至于引起事故范围的扩大，同时还应能方便地解除闭锁。

3. 控制方式

集中控制系统多为单指令的自动启动、停车操作，个别通过智能控制器、触摸屏幕、上位机键盘或鼠标实现设备的单启、单停或按闭锁关系的全部设备启、停操作。

为满足设备的检修、试车和故障处理，应设有就地控制方式，这也是保证生产的基本后备控制方式。

4. 工艺流程及设备的选择

当生产系统有并行流程或多台并行设备时，集中控制系统应具有对并行流程或并行设备选择的能力，以满足不同情况的工艺要求。

人机接口设备多采用由开关和按钮组成的操作盘，也有的采用上位机键盘或鼠标，近几年多采用带液晶显示器（Liquid Crystal Display，LCD）的智能控制器和触摸屏幕。

5. 信号系统

1）预告信号

在启动前，集中控制室应发出启动预告信号，提醒现场操作人员回到各自工作岗位，靠近设备的人员远离即将启动的设备，靠近信号站的操作人员应检查设备，向集中控制室发出允许启动的应答信号或禁启信号，以保障启动时人员和设备的安全。同样，在停车前也应当发出停车预告信号。

2）事故报警信号

当某台设备发生故障时，集中控制系统应能够及时发出事故报警信号提醒工作人员注意。

3）运转显示

为了及时掌握全厂设备的运行状况，集中控制室应装有显示全厂设备的模拟盘或者大屏幕图形显示器。模拟盘或大屏幕图形显示器上各台设备正常运行和事故状态的显示要反差明显，易于判断。

6. 数据的采集、处理及显示功能

集中控制系统通过网络及可编程控制器可方便地采集现场实时数据。这些数据参与系统控制，并可通过网络将这些数据发往上级管理层，或发往现场电子显示屏和集中控制室内的模拟盘。此外，工控机大屏幕图形显示器还提供相应的画面显示。

大屏幕图形显示器能提供以下画面显示：控制方式设置和流程选择画面；工艺设备（实时反映设备的运行状态）；历史数据显示画面；故障报警一览表画面；可编程控制器实时状态画面；料仓实时料位图；电力参数、灰分仪数据、胶带秤数据、轨道衡数据；主要设备运行时间统计表。以上画面显示的内容可根据用户的要求进行设计，也可以增加其他用户需要的内容。

选煤厂集中控制系统除需满足上述要求外，还应具有较高的可靠性和较强的抗干扰能力。

第二节　可编程序控制器集中控制

一、可编程序控制器的产生及发展

1969 年，美国数字设备公司（DEC）研制出世界上第一台可编程序控制器。在 20 世纪 70 年代初期、中期，可编程序控制器可以完成顺序控制，有逻辑运算、定时、计数等控制功能。20 世纪 70 年代末至 80 年代初，可编程序控制器的处理速度大大提高，不仅可以进行逻辑控制，而且可以对模拟量进行控制。20 世纪 80 年代以来，以 16 位和 32 位微处理器为核心的可编程序控制器得到迅速发展。这时的可编程控制器具有高速计数、中断技术、PID 调节和数据通信等功能。

可编程控制器的应用形式有开关量逻辑控制、模拟量控制、过程控制、定时和计数控制、顺序控制以及数据处理通信和联网等 6 种类型。

二、可编程序控制器的定义及特点

1. 可编程序控制器的定义

可编程序控制器是一种数字运算操作的电子系统，专为在工业环境下应用而设计。它采用可编程序的存储器，用来在其内部存储执行逻辑运算、顺序控制、定时、计数和算术运算等操作的指令，并通过数字式和模拟式的输入和输出，控制各种类型机械的生产过程。可编程序控制器及其有关外围设备，都按易于与工业系统连成一个整体、易于扩充其功能的原则设计。

2. 可编程序控制器的特点

可靠性高；抗干扰能力强；通用性强；使用方便；采用模块化结构，系统组合灵活方便；编程语言简单、易学、便于掌握；系统设计周期短；对生产工艺改变适应性强；安装简单、调试方便、维护工作量小。

三、可编程序控制器的基本结构

可编程控制器主要由中央处理器（CPU）、存储器（RAM、ROM）、输入/输出单元（I/O）接口电路及外围编程设备等几大部分构成，如图 6-1 所示。

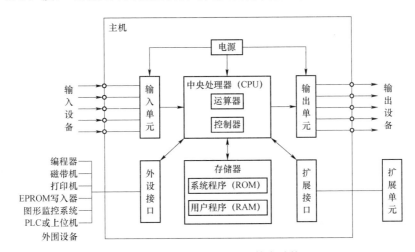

图 6-1　可编程控制器的基本结构

1. 中央处理器（CPU）

CPU 是可编程序控制器的核心部件，CPU 一般由控制电路、运算器和寄存器组成，这些电路一般都集成在 1 块芯片上，由图 6-1 可知，它控制其他部件的操作。CPU 通过地址总线、数据总线和控制总线与存储器、输入/输出单元（I/O）接口电路连接。

不同型号的可编程控制器可能使用不同的 CPU 部件，根据规模的大小，可采用 8 位、16 位或 32 位微处理芯片；也有的可编程控制器采用单片机作为 CPU。制造厂家使用各自 CPU 部件的指令系统编写系统程序，并固化到只读存储器（ROM）中（用户不能修改）；CPU 按系统程序所赋予的功能接收编程器输入的用户程序，存入随机存储器（RAM）中；CPU 按周期扫描的方式工作，从 0000 首地址存放的第一条用户程序开始，到用户程序的最后一条地址，不停地循环扫描，每扫描 1 次，用户程序就执行 1 次。

CPU 的主要功能有：

（1）从存储器中读取指令。CPU 从地址总线上给出存储地址，从控制总线上给出读命令，从数据总线上得到读出的指令并存放到 CPU 内部的指令存储器中。

（2）执行指令。CPU 对存放在指令存储器中的指令操作码进行译码，执行指令规定的操作，如读取输入信号、取操作数、进行逻辑运算或算术运算、将结果输出或存储等。

（3）准备取下一条指令。CPU 执行完一条指令后，能根据条件产生下一条指令的地址，以便取出下一条指令并执行。在 CPU 的控制下，用户程序的指令既可以顺序执行，也可以分支或跳转执行。

（4）处理中断。CPU 除按顺序执行用户程序外，还能接收输入/输出接口发来的中断请求，并进行中断处理。中断处理完毕后，再返回原地址，继续顺序执行用户程序。

2. 存储器

存储器是具有记忆功能的半导体电路，用来存放系统程序、用户程序、逻辑变量、数据和其他信息。可编程控制器中使用的存储器主要有 ROM 和 RAM 两种。

1）ROM

ROM 中的内容是由生产厂家写入的系统程序，用户不能修改，并且永远驻留（可编程控制器失电后，内容不丢失）。系统程序一般包括以下几部分：

（1）检查程序。可编程控制器通电后，首先由检查程序检查可编程控制器各部件操作是否正常，并将检查的结果显示出来。

（2）翻译程序。将用户输入的控制程序翻译成由 CPU 指令组成的程序，然后再执行。翻译程序还可以对用户程序进行语法检查。

（3）监控程序。它相当于总控程序。监控程序根据用户的需要调用相应的内部程序，例如，用编程器选择 PROGRAM 程序工作方式，则监控程序就调用"键盘输入处理程序"，将用户的程序送到 RAM 中；若用编程器选择 RUN 运行方式，则监控程序将启动用户程序。

2）RAM

RAM 是可读可写存储器，读出时，RAM 中的内容不会被破坏；写入时，原来存放的信息就会被刚写入的信息替代。RAM 中一般存储以下内容：

（1）用户程序。选择 PROGRAM 程序工作方式时，用编程器或计算机键盘输入的程序经过预处理后，存放在 RAM 的低地址区。

（2）逻辑变量。在 RAM 中有若干个存储单元用来存储逻辑变量。这些逻辑变量用可编程序控制器的术语来说就是输入继电器、输出继电器、内部辅助继电器、保持继电器、定时器、计数器、移位寄存器。

（3）供内部程序使用的工作单元。不同型号的可编程序控制器，其存储器的存储容量是不相同的。在技术使用说明书中，一般都给出了与用户编程和使用有关的指标，如输入、输出继电器的数量，保持继电器的数量，内部辅助继电器的数量，定时器和计数器的数量，允许用户程序的最大长度（一般给出允许用户使用的地址范围）等。这些指标都间接地反映了 RAM 的容量。至于 ROM 的容量，它与可编程序控制器的复杂程序有关。

3. 现场输入接口电路

现场输入接口电路是可编程控制器与控制现场的接口界面的输入通道。现场输入信号可以是按钮开关、选择开关、行程开关、限位开关以及其他传感器输出的开关量或模拟量（需通过 A/D 转换送入可编程控制器内部）。这些信号通过现场接口电路送到可编程序控制器内，现场接口电路一般由光电耦合器电路和 CPU 的输入接口电路组成。

1）光电耦合电路

采用光电耦合电路与现场输入信号相连接的目的是防止现场的强电干扰进入可编程序控制器。光电耦合电路的核心是光电耦合器，应用最广的是由发光二极管和光电晶体管构成的光电耦合器，其工作原理示意如图 6−2 所示。当传感器接通时，电流流过发光二极管使其发光，光电晶体管在光信号的照射下导通，其信号便输入可编程控制器的内部电路。

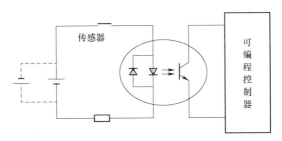

图 6−2　光电耦合器工作原理示意

2）CPU 的输入接口电路

CPU 的输入接口电路一般由数据输入寄存器、选通电路和中断请求逻辑电路组成，这些电路做在 1 个集成电路的芯片上，现场的输入信号通过光电耦合送到数据寄存器，然后通过数据总线送至 CPU。

4. 现场输出接口电路

可编程序控制器通过现场输出接口电路向工业现场的执行部件输出相应的控制信号，现场的执行部件包括电磁阀、继电器、接触器、指示灯、电热器、电气变换器、电动机等。现场输出接口电路一般由 CPU 输出接口电路和功率放大电路组成。

1）输出接口电路

输出接口电路一般由输出数据寄存器、选通电路和中断请求电路组成。CPU通过数据总线将要输出的信号送到输出寄存器中，由功率放大电路放大后输出到工业现场。

2）功率放大电路

为了适应工业控制的要求，要将 CPU 输出的 CMOS 电信号进行功率放大。可编程控制器所带负载的电源必须外接。

3）输出方式

（1）继电器输出。可编程序控制器一般采用继电器输出方式，其特点是负载电源可以是交流电源，也可以是直流电源，但响应速度慢，一般为毫秒级。图 6-3 所示为继电器输出方式示意。由图可见，可编程序控制器内部电路与负载电路之间采用了电磁隔离方式。

（2）双向晶闸管输出。当采用晶闸管输出时，所接负载的电源一般只能是交流电源，否则晶闸管无法关断，参见图 6-4 所示的双向晶闸管输出方式示意。晶闸管的耐压高，负载电流大，响应的时间为微妙级。采用双向晶闸管输出方式时，可编程序控制器内部电路与外接负载电路之间一般是由可编程控制器内部电路采用光电耦合的方式隔离的。

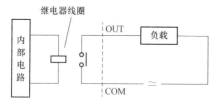

图 6-3　继电器输出方式示意

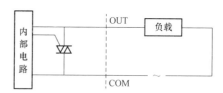

图 6-4　双向晶闸管输出方式示意

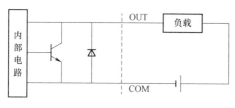

图 6-5　晶体管输出方式示意

（3）晶体管输出。如图 6-5 所示，当采用晶体管输出时，所接负载的电源应是直流电源。晶体管输出的特点是响应速度快，可以达到纳秒级，由可编程控制器内部电路采用光电耦合的方式实现隔离。

在各类可编程序控制器的输入/输出电路中，如果采用直流输入方式，其电源一般可由可编程控制器本机提供；如果采用交流输入方式，则一般由用户提供交流电源。在输出电路中，负载的电源需用户外接。需要特别指出的是，同一个公共端要接同等级的电压；如果用不同电压的电源，各自的公共端必须分开使用。

5. 外存储器接口电路

外存储器接口电路是计算机与 EPROM、盒式录音机等外部存储设备的接口电路，主要用于以下两方面。

1）用户程序备份

将已调好的用户程序写到外存储器内，以便长期保存。一旦由于某种原因 RAM 中的用户程序遭到破坏，操作人员可以方便地将外存储器中保存的备份程序送入 RAM，使可编程控制器继续运行。

2）同类产品的成批生产

在用户将某种可编程控制器控制样机的程序调试完毕并写到外存储器后，如果该产品需成批生产，就可以通过外存储器将调试好的程序输入同类产品的可编程控制器，完成用户程序的输入作业，大大提高了生产效率。

6. 其他接口电路

有些可编程序控制器还配置了其他接口，如 A/D 转换接口，D/A 转换接口，远程通信接口，与计算机相连的接口以及与 CRT、打印机相连的接口等，这使可编程序控制器能够适应更复杂的控制要求。

7. 键盘与显示器

1）键盘

键盘供操作人员进行各种操作。键盘上主要有各种命令键、数字键、指令键等，通过键盘，操作人员可以输入、编辑、调试用户程序。

2）显示器

显示器能将可编程序控制器的某些状态显示出来，通知操作人员，如程控故障、RAM 后援电池失效、用户程序语法错误等；还能显示编程信息、操作执行结果以及输入信号和输出信号的状态等。

8. 电源部件

电源部件将交流电转换成为供可编程控制器的 CPU、存储器等电子电路工作所需要的直流电源，使可编程控制器能正常工作。大部分可编程序控制器可以向输入电路提供 24 V 的直流电源，此电源的功率小，一般不能向其他设备提供，用户在使用时必须注意这一点。

四、可编程序控制器的工作原理

可编程序控制器由于采用了与计算机相似的结构形式，其执行指令的过程与一般计算机相同，但其工作方式与计算机有很大不同。计算机一般采用等待命令的工作方式，而可编程控制器则采用循环扫描的方式，其工作过程如图 6-6 所示。

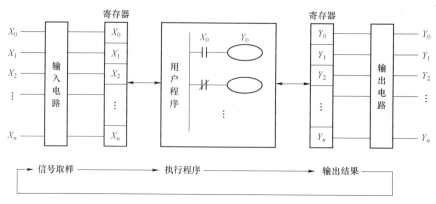

图 6-6 可编程控制器工作过程示意

1. 初始化

可编程序控制器在每次接通电源时，将进行初始化工作，主要包括清输入/输出寄存器和辅助继电器、定时器复位等。初始化完成后则进入周期扫描工作方式。

2. 公共处理

公共处理部分主要包括以下内容：

（1）清监视钟。主机的监视钟实质上是 1 个定时器，可编程控制器在每次扫描结束后使其复位。当可编程控制器在 RUN 或 MONITOR 方式下工作时，此定时器检查 CPU 的执行时间。当执行时间超出监视钟的整定时间时，表示 CPU 有故障。

（2）输入/输出部分检查。

（3）存储器检查及用户程序检查。

3. 通信

可编程控制器检查是否有与编程器或计算机通信的要求，若有，则进行处理，如接收由编程器送来的程序、命令和各种数据，并把要显示的状态、数据、出错信息等发送给编程器进行显示。如果有与计算机通信的要求，也在这段时间完成数据的接收和发送任务。

4. 读入现场信息

可编程序控制器在这段时间对各个输入端进行扫描，将各个输入端的状态送入输入状态寄存器中，这就是输入取样阶段。以后 CPU 需查询输入端的状态时，只访问输入寄存器，而不再扫描各个输入端。

5. 执行用户程序

CPU 将用户程序的指令逐条调出并执行，对最新的输入状态和原输出状态（这些状态也称为数据）进行处理，即按用户程序对数据进行算术和逻辑运算，将运算结果送到输出寄存器中（注意，这时并不立即向可编程控制器的外部输出）。这就是用户程序执行阶段。

6. 输出结果

当可编程序控制器将所有的用户指令执行完毕后，会集中把输出状态寄存器的状态通过输出部件向外输出到被控设备的执行机构，以驱动被控设备，这就是输出结果阶段。

可编程序控制器经过公共处理到输出结果这 5 个阶段的工作过程，称为 1 个扫描周期。完成 1 个扫描周期后，又重新执行上述过程，扫描周而复始地进行。扫描周期是可编程控制器的重要指标之一，扫描时间越短，可编程控制器控制的效果越好。

第三节 计算机在选煤厂控制及管理中的应用

一、工业微型计算机（工业型 MCS）在选煤厂监控管理系统中的应用

选煤厂微机监控管理系统主要监控生产信息，包括工艺设备运行状态、工艺数据及能源消耗数据等的采集与处理，以曲线、柱状图和报表的形式予以存储、显示、打印，并实时提供给调度员和生产管理者，实现数量化的管理。选煤厂微机监控管理系统能实时掌握生产工况，通过调度，及时调整不合理的生产环节和工艺数据，使选煤厂的生产处于产品质量稳定、效率高、能源消耗低的较理想状态，提高选煤厂的经济效益和社会效益。

1. 系统构成

选煤厂微机监控管理系统，其硬件系统以工业微型计算机（工业型 MCS）为核心，与控制器（可编程控制器或回路调节器）及现场检测仪表等组成；其软件系统由层次化、模块化的应用软件和局部通信网络组成。它与集中控制系统及单机和系统自动化系统构成了全厂综合控制系统，不仅完成设备运行状态控制，而且通过调度，完成工艺数据的调控。它是 4 C 技术［即计算机（Computer）、控制器（Controller）、通信（Communication）和 CRT 显示技术］在选煤厂的具体应用。随着装备水平的提高和软件的开发，特别是智能软件的开发，包括监控系统在内的控制系统将逐步与选煤厂的微机信息管理系统从功能上结合，进而形成全厂综合信息控制系统。

2. 系统功能

（1）工艺设备运行状态和主要工艺设备运行参数的采集、处理、存储、打印等。这不仅可使调度和生产管理人员实时监视和掌握工艺系统设备运行情况，而

且通过设备运行参数、运行时间和故障情况的记录信息，制定科学的检修计划，以保证工艺系统的可靠运行。

（2）工艺参数的采集处理。自动形成各工艺参数工况历史曲线，如入选原煤数量及其灰分、各产品煤数量及主要产品灰分等，并与其控制指标比较，如遇"超常"则实时报警，通过调度即时改变有关生产数据，将选煤厂工艺数量与质量关系严格控制在预定范围之内，以实现预期的以最大经济效益为目的的质量指标和处理量指标的控制。

（3）贮仓仓位及主要水池、水箱液位的检测显示，并配以报警，以便于生产调度。

（4）以通信的方式由单机和系统自动控制装置采集其工艺数据，特别是调控参数，并配以工况历史曲线与显示，实时监控自动化系统的工作状态。

（5）水、电、药剂消耗量的采集处理，并形成能源消耗历史曲线，配以报警，实时改变某些生产环节，控制能源消耗，减少投入。

（6）根据工艺设备的运行时间和工艺数据，形成班、日等报表，这为分析生产状况、科学地制定生产计划提供依据，同时也是进行经济分析，制定产品方案和操作制度的基础。

（7）监控系统应具有与上位生产信息管理系统微机通信的能力，且应有与自动化系统的控制装置通信的能力。

为完成上述功能，自 20 世纪 70 年代末，在选煤厂集中控制设计中，绝大部分都设有上位机，除主要完成工艺设备运行状态动态显示外，都有数量不同的上述监控内容，数据采集由可编程控制器主机完成。个别的也有工艺设备运行状态由图形处理器，而工艺数据则由上位机完成处理、存储、显示、打印。

二、工业微型计算机（MCS）在选煤厂信息管理系统中的应用

选煤厂信息管理系统（有的也称为选煤厂计算机辅助管理系统）是工业微型计算机（MCS）在选煤厂应用最早的领域。我国选煤厂的管理模式是由厂长，总工程师及下属生产、技术、供销、人事、财务等部门组成选煤厂的管理机构，各管理部门配备计算机构成站点，用网络形式将这些站点与网络服务器相连，形成具有高速数据传输及数据共享能力的生产管理系统和行政办公系统。

选煤厂信息管理系统以互联网为平台，由多台计算机组成网络系统，每台计算机是其中的 1 个站点，具有独立的数据库和管理内容。这些站点共享的数据存放于网络服务器中，利用网络传输共享数据，完成生产和经营活动的计算分析，

实现信息共享的生产、经营管理。

选煤厂信息管理系统的软件多使用高级语言（如 BASIC、C++、Java 语言等）开发，使用 Windows 操作系统，有中文菜单提示，操作简单，使用方便，具有友好的用户界面。其主要完成：煤质化验数据分析、煤质经济预测及形成煤质化验日常报表；生产管理，包括生产计划管理及生产统计；技术管理；设备管理；运销管理；财务管理；人事管理；工资管理；技术档案管理办公自动化等。选煤厂信息管理系统框图如图 6-7 所示。

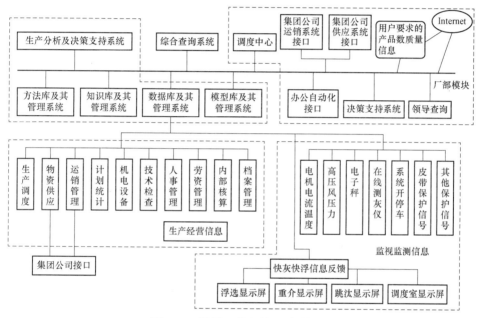

图 6-7　选煤厂信息管理系统框图

三、计算机和可编程控制器在某选煤厂集中控制系统中的应用

某选煤厂位于华东地区，设计能力为年处理原煤 150 万 t，采用重介、浮选联合工艺。

某选煤厂集中控制系统示意如图 6-8 所示。

1. 生产控制系统

下位机采用美国莫迪康公司的 984 可编程控制器（5 台），1 台 984-685 用于模拟盘控制（1 号站），4 台 984-145 分别用于重介（2 号站）、原煤（3 号站）、浮选（4 号站）、6 kV 变电所监控（5 号站）；上位机采用研华工控计算机，其主要配置如下：CPU（PIV-2.4 G）、256 MB 内存、40 GB 硬盘、22 英寸[①]彩显。实时监控组态软件采用 CE 公司的 Cimplicity 软件。

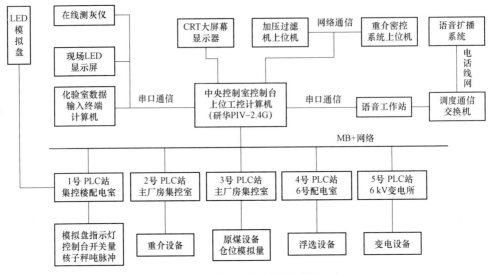

图 6-8 某选煤厂集中控制系统示意

站间通信通过 MB+网络实现，控制室显示采用传统模拟盘与计算机显示器并用方式，起车方式采用"广播通知-禁启"制。该系统实现的功能有：

（1）原煤、重介、运输设备的集中顺序开启、停车；

（2）浮选、浓缩、过滤设备的就地闭锁开启、停车；

（3）设备之间"联锁/解锁"状态设置；

（4）单台设备"投入/退出"状态设置；

（5）单台设备集中控制开启、停车操作；

（6）单台设备"停止/就地控制/集中控制"状态设置（在现场控制箱上通过转换开关选择）；

（7）设备故障停车时的灯光、图像、文字、语音报警；

（8）启动时每台参控设备都可以发送"禁启"信号；

（9）与现场电子显示屏、调度电话广播系统联动，向现场发送语音、文字的系统运行信息；

（10）模拟盘采用双色发光二极管，红灯受控于 1 号 PLC 站，黄灯直接受控于现场返回信号，可实现"集中控制/就地"运行状态识别、报警闪烁等功能；

2. 数据传输系统

该系统实现的功能有：

---

① 1 英寸=2.54 厘米。

（1）煤质化验室生产数据向中央控制室及现场 LED 显示屏传报；

（2）核子秤、在线灰分仪数据向中央控制室实时传报；

（3）6 kV 变电所电力数据向中央控制室实时传报；

（4）中央控制室、重介控制室、加压过滤机控制室三地信息互传；

（5）以文字形式向现场自动发布系统运行和故障信息。

3. 调度通信系统

该系统采用 KTJ4 H 型数字程控调度交换机（96 门用户，可扩充）。

该系统实现的功能有：

（1）生产系统调度通信；

（2）调度广播系统；

（3）语音工作站与集控上位机配合，实现启动、事故、禁启状态时向现场自动语音告警。

第七章

选煤厂生产自动化控制及调控技术

第一节 自动控制的基本知识

在选煤过程中，为了维护生产的正常进行，必须控制好影响选煤过程的各类参数（如流量、液位、煤灰分、浓度），使其按预定的规律变化。由于这些参数往往不按预定规律变化，用人工控制时必须由具有一定经验的工人及时不断地操作，这不但增加了工人的劳动强度，而且往往难以保证操作精度，因此需要采取自动控制技术。

自动控制就是在没有人直接参与的情况下，通过控制装置使控制对象或过程自动地按照预定的规律变化。被控制的设备称为被控对象，被控制的参数称为被控量。能够对被控对象的工作状态进行自动调节的系统称为自动控制系统。它一般由检测装置、控制装置和控制对象组成。

一、自动控制系统的基本控制方式及组成

自动控制系统的基本控制方式有两种：开环控制和闭环控制。

开环控制是指在控制装置和被控对象之间只有顺向作用，而无反向联系的控制过程。因此，这种控制系统的输出量对系统的作用没有影响，如前面讲过的交流异步电动机的启动控制就属于开环控制系统。当控制信号发出后，被控对象（电动机）便开始工作，至于电动机是否按要求工作，控制系统无法检测。图 7-1 所示为开环控制系统示意。开环控制系统的特点是结构简单、成本低，但其输出量精度差，可以用在对输出量要求不高的各种场合。

闭环控制是指控制装置和控制对象之间既有顺向联系，又有反向联系的控制过程。闭环控制系统能够对其输出量进行检测，并回送到输入端（即反馈），对输入量进行调节，从而提高输出量的精度。

图 7-1　开环控制系统示意

下面通过一个例子分析闭环控制系统，图 7-2 所示为浮选机液位人工控制示意。浮选工艺要求浮选机中煤浆液位应保持稳定，当浮选入料流量波动引起煤浆超过规定的液位高度时，操作员可开大泄放阀门增加泄放量，使液位下降；反之，当液位低于规定高度时，减小泄放阀门开度，使液位升高，以达到稳定液位的目的。

在这个例子中，操作员本身就是一个闭环控制系统，操作员通过眼睛观察液位，并送入大脑进行判断、比较，然后由大脑发出"指令"，人工调节泄放阀门的开度。

图 7-3 所示为浮选机液位自动控制系统，可用以代替操作员完成上述动作。图中的液位计用来测量浮选机液位，代替上例中的操作员用眼观察液位；调节器代替操作员的大脑对液位的高低进行比较、判断，根据实际液位与液位给定值的偏差输出相应的信号，指挥电动执行机构改变阀门的开度，以代替操作员的操作。由液位计、调节器、电动执行机构以及浮选机组成了一个闭环控制系统。

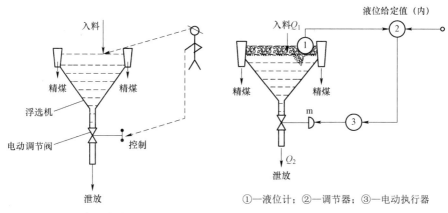

①—液位计；②—调节器；③—电动执行器

图 7-2　浮选机液位人工控制示意　　图 7-3　浮选机液位自动控制系统

由浮选机液位自动控制系统的实例，可以得出一个简单的闭环控制系统的结构，如图 7-4 所示。它由被控对象、执行机构、调节器、检测机构、给定装置及比较环节等部分组成。各种自动控制系统尽管控制目的的不同，但结构形式基本相同，它们都是由图 7-4 所示的基本环节组成。下面简单分析自动控制系统的各组成部分。

1. 被控对象

被控对象是指自动控制系统需要控制和调节的装置或设备，如图 7-2 中的浮选机。

2. 检测机构

检测机构是用来检测被控量（如液位）的大小，并将其转换成相应的电信号的装置，如图 7-3 中的液位计。

3. 调节器

调节器的作用是把给定量与被控量（由检测装置检测并反馈回输入端）之间的偏差信号变换成相应的控制信号，使执行机构完成相应的动作调节被控量，以符合给定量。

4. 执行机构

执行机构是具体完成控制任务、改变被控量的机构或装置，如图 7-2 中的电动调节阀。

5. 给定装置和比较环节

给定装置的作用是提供一个与被控量要求值相对应的电信号（称为给定值）。自动控制系统的给定可以分为内部给定和外部给定两种。内部给定是由调节器内部产生相应的电信号；外部给定则是由上级控制装置输送来的电信号或手动给定信号。

比较环节的作用是将给定值与检测机构检测的被控量进行比较，并将两者的偏差送入调节器，以便利用偏差值调节被控量。

从图 7-4 可以看出，系统的输出量（即被控量）X_{sc} 经检测机构变换成 X_f 后返回输入端，通过比较环节与给定值 X_{sr} 比较，将偏差信号 $X_0 = X_{sr} - X_f$ 送入调节器进行运算，然后输出与偏差信号 X_0 对应的控制信号，驱动执行机构动作，相应地调节被控量，直至与给定量相符。当被控量因某种原因小于给定值时，偏差 $X_0 = X_{sr} - X_f$ 大于零，则调节器就输出一定的控制信号，促使执行机构调大被控量，直到被控制量与给定值相符，此时偏差 $X_0 = X_{sr} - X_f$ 为零，执行机构不再动作。当被控量大于给定值时，通过调节器的调节，同样能够使被控量与给定值相符，以满足工艺要求。

将被控量由检测机构回送至输入端的过程称为反馈。图 7-4 中的"-"和"+"表示反馈信号 X_f 与给定信号 X_{sr} 极性相反，故这种反馈称为负反馈。负反馈能够减小偏差信号，稳定控制过程，因此在自动控制系统中被普遍采用。

在图 7-4 中，除被控量随偏差信号变化，外界因素也可能引起被控量的波动。所有引起被控量波动的外界因素统称为扰动，用 d 表示。扰动可以看成作用于被控对象且破坏自动控制系统平衡状态的一种输入信号，通常用指向被控对象的箭头表示。自动控制系统应具有克服扰动影响使系统保持稳定的能力。

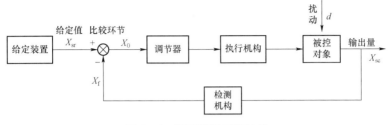

图7-4 闭环控制系统结构

二、自动控制系统的分类

自动控制系统的分类方法很多，下面介绍几种常用的分类方法。

1. 按给定值的不同分类

自动控制系统按给定值的不同可分为定值控制系统和随动控制系统两类。

（1）定值控制系统。在这种自动控制系统中，给定值是常数，系统的任务是使被控量克服扰动保持在给定值，如恒温、恒压、恒速等控制都属于这一类。选煤工艺参数的自动控制系统多属于定值控制系统。

（2）随动控制系统。这类控制系统的给定值随时间的变化而变化，且预先不知道其变化规律。随动控制系统的任务是克服扰动，保证被控量以一定的精度跟踪给定值。在浮选药剂自动添加中会用到随动控制系统。

另外还有一类叫程序控制系统，其给定值随时间按一定规律变化。

2. 按输入、输出信号的性质分类

自动控制系统按输入、输出信号的性质可分为线性控制系统和非线性控制系统、连续控制系统和离散控制系统。

（1）线性控制系统和非线性控制系统。当系统中各元件的输入、输出特性是线性的，系统的状态可以用线性方程描述时，这种自动控制系统称为线性控制系统。当系统中有非线性元件，系统的特性只能用非线性方程描述时，这种自动控制系统称为非线性控制系统。

（2）连续控制系统和离散控制系统。当系统中各元件的输入、输出信号是时间的连续函数时，这种自动控制系统称为连续控制系统；当系统中有脉冲或数码信号时，这种自动控制系统称为离散控制系统。

3. 按输入、输出量的个数分类

自动控制系统按输入、输出量的个数可分为单输入单输出控制系统和多输入多输出控制系统。前者的输入和输出信号都是1个，反馈信号也只有1个，系统比较简单。后者的信号多，回路多，而且相互之间又存合耦合，系统比较复杂。选煤工艺过程的自动控制系统大多是多输入多输出控制系统。

三、自动控制系统的特性

各种工艺过程一般都要控制系统的输入量（被控量），并能够迅速、准确地随输入量的变化而变化，且两者之间保持一定的函数关系，这种函数关系应尽量不受外界扰动的影响，如图 7−5（a）所示。系统输入信号在 $t=0$ 时突然增加至某一常数，在 $t>0$ 以后保持不变，理想输出能准确瞬时增至这一常数且输入保持正比关系。实际的自动控制系统由于受惯性、延滞或特性参数不准确等因素的影响，当给定值变化或扰动影响引起输入发生变化时，实际的输出将绕着理想输出上下波动，出现一个瞬变过程，如图 7−5（b）所示。

在瞬变过程中，若实际输出与理想输出之间的偏差越来越大，这个系统则是一个不稳定系统；若实际输出围绕着理想值上下波动且偏差越来越小，则该系统是稳定系统。一个系统的稳定性可以用 3 个指标来衡量：一是大超调量 δ_{max}，即实际输出与理想输出之间的最大偏差；二是调节时间，即从输入信号开始变化到输出信号的超调量减小为理想输出的 5% 所需要的时间；三是振荡次数 n，即在调节时间内实际输出围绕理想输出上下波动的次数。各种系统的应用场合不同，对稳定性的要求也不同，一般要求这 3 个参数越小越好。

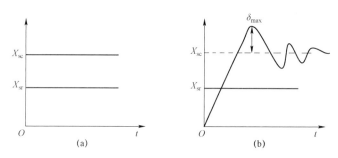

图 7−5　自动控制系统的特性

四、调节器的调节原理

一个自动控制系统的控制特性主要取决于调节器的调节特性，不同类型的调节器有不同的调节特性和调节参数。因此，对不同类型的自动控制系统应选择合适的调节器，以满足系统的特性指标。常用的调节器有比例调节器（P）、积分调节器（I）、比例积分调节器（PI）、微分调节器（D）、比例微分调节器（PD）以及比例积分微分调节器（PID）。

例如：比例调节器习惯上用英文字母 P 表示，它实际上是 1 个带有反馈的放大器，可将偏差信号进行放大或缩小后送到执行机构，以调节被控量。其调节规律可以用下式表示：

$$\Delta m = K_p \Delta e \qquad\qquad (7-1)$$

式中，Δm——调节器的输出变化量；

Δe——偏差变化量，e 为偏差值，$e = X_{sr} - X_f$，其中 X_{sr} 为被调量给定值，X_f 为被调量检测值；

K_p——比例调节放大倍数。

上式说明比例调节器的输出变化量 Δm 与其输入变化量 Δe 成正比例关系。其调节规律如图 7-6 所示。比例带与输入、输出信号的关系如图 7-7 所示。

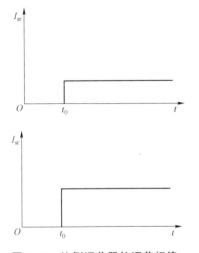

图 7-6 比例调节器的调节规律

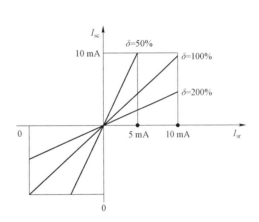

图 7-7 比例带与输入、输出信号的关系

第二节 末煤重介分选系统产品质量在线自动测控系统

在重介质选煤工艺中，无论是斜轮、立轮、旋流器选煤都是按悬浮液密度进行分选。悬浮液密度是根据原煤可选性与精煤灰分要求决定的，由于各种因素的干扰，悬浮液密度的工艺要求也不同。如果是人工操作，悬浮液密度就很难达到稳定，而且精煤的产品质量和产率也难以保证，因此，只有采用自动测控，才能保证生产的正常运行。

重介质选煤监测与控制的方法很多，最早采用的是 DDZ 组合仪表方法。近年来，又相继推出了 STD 重介密度自动测控装置、重介质选煤过程计算机监控系统和末煤重介分选系统产品质量在线自动测控系统。

末煤重介分选系统产品质量在线自动测控系统是在原有测控技术的基础上研制成功的一代产品，它采用 γ 射线灰分测量仪在线测量产品灰分，并根据灰分信号控制分选密度。该系统对于稳定产品质量、最大限度地提高精煤产率起到重要作用。

1. 末煤重介分选系统产品质量在线自动测控系统的结构及组成

末煤重介分选系统产品质量在线自动测控系统由 STD 总线工控机构成的控制主机、γ 射线灰分仪、同位素密度计、磁性物含量计、超声波液位计、电子胶带秤、压力传感器、分流执行器等构成，由它们组成了以下几个闭环调节环节：悬浮液密度自动调节、根据精煤灰分自动修正密度给定值、重介悬浮液煤泥含量的稳定控制、合格介质桶液位稳定控制。另外，还设有旋流器入口压力监测与报警、原煤入选量的监测与报警。末煤重介分选系统产品质量在线自动测控总体方案如图 7-8 所示。

2. 末煤重介分选系统产品质量在线自动测控系统的工作原理

（1）末煤重介分选系统产品质量在线自动测控系统的原理框图如图 7-9 所示。

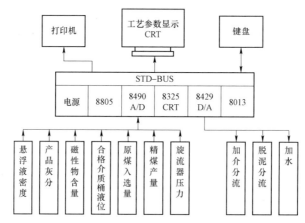

图 7-8　末煤重介分选系统产品质量在线自动测控总体方案

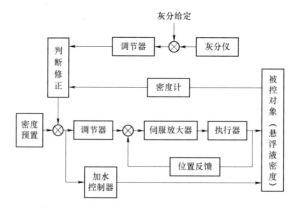

图 7-9　末煤重介分选系统产品质量在线自动测控系统的原理框图

在末煤重介分选过程中，当重介旋流器的结构形式和工艺流程确定之后，影响分选效果的主要因素有悬浮液密度、悬浮液煤泥含量、旋流器入口压力、合格介质桶液位、原煤入选量和原煤可选性的变化等。多变量的自动控制系统是很复杂的，为了简化系统而又能满足生产要求，可采取只调节悬浮液密度一个参数，而稳定控制其余参数的方案。悬浮液密度取决于产品结构和原煤的可选性，当原煤性质变化时，其分选密度应作适当调整，否则将影响分选效果。

由同位素在线测灰仪测得的灰分信号与给定灰分信号经比较、调节后，与密度计测得的密度信号同时输入至计算机进行分析判断。当精煤灰分偏低$\Delta\gamma_1$时，通过闭环控制系统，控制分流箱的电动执行器使悬浮液的给定密度向上调整$\Delta\delta_1$；当精煤灰分偏高$\Delta\gamma_2$时，控制电动加水阀补加水量，使悬浮液的给定密度向下调整$\Delta\delta_2$。这样，利用产品灰分信号自动地修正密度给定值，可以及时改变由于原煤性质变化而产生的产品灰分波动状态，使产品灰分趋于稳定。

（2）重介产品灰分测量系统的构成如图7-10所示。

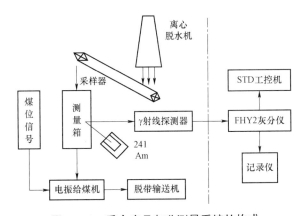

图7-10　重介产品灰分测量系统的构成

重介产品灰分测量系统由γ射线探测器、测量仪表、采样机构等组成。γ射线探测器安装在离心脱水机下方，二次仪表安装在控制室中。测得的 4～20 mA 信号送 STD 工控机进行处理，同时输入记录仪，记录灰分变化趋势。

在重介质选煤过程中，常因精煤脱介效果不好而造成精煤表面黏附很多磁铁粉，这些磁铁粉的存在势必影响灰分仪的测量精度。通过实践证明，如果选择合适的采样点，可以将影响降低到最低限度，因此将γ射线探测器安装在离心脱水机的排料口处比较适宜。

（3）重介悬浮液煤泥含量的稳定控制。重介悬浮液煤泥含量很难用仪表测量，但可以借助密度计和磁性物含量计分别测量出悬浮液密度和磁性物含量，然后通过公式，由计算机计算出重介悬浮液煤泥含量。

经数学推导计算公式如下：

$$G = A(\rho - 1\,000) - BF \tag{7-2}$$

式中，G——煤泥（非磁性物）含量，kg/m^3；

$\quad\quad F$——磁性物含量，kg/m^3；

$\quad\quad \rho$——悬浮液密度，kg/m^3；

$\quad\quad A$——与煤泥有关的系数；

$\quad\quad B$——与煤泥和磁性物有关的系数。

$$A = \delta_{煤泥}/(\delta_{煤泥} - 1\,000)\quad B = \delta_{煤泥}(\delta_{煤泥} - 1\,000)/\delta_{磁}(\delta_{煤泥} - 1\,000) \tag{7-3}$$

式中，$\delta_{煤泥}$——煤泥真密度，kg/m^3；

$\quad\quad \delta_{磁}$——磁铁粉真密度，kg/m^3；

$$煤泥含量(\%) = G/(G + F) \times 100\%$$

重介悬浮液煤泥含量一般控制在 40%～50% 为宜。超过此值时，将合格介质分流到精煤稀介质桶，经磁选机脱泥，使分选悬浮液煤泥含量稳定在规定范围内。

重介悬浮液煤泥含量控制原理框图如图 7-11 所示。

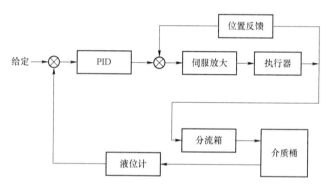

图 7-11　重介悬浮液煤泥含量控制原理框图

（4）合格介质桶液位稳定控制。合格介质桶液位稳定控制采用分流的办法实现。由超声液位计测出液位，当液位高时，通过自动控制系统自动分流一部分合格介质，稳定液位；当液位过低时，发出报警，补加高密度介质和水。

合格介质桶液位控制原理框图如图 7-12 所示。

另外，还设有重介质旋流器入口压力稳定控制和原煤入洗量的稳定控制。

（5）控制主机。以 16 位 8098 单片机、STD 总线工控机作为控制主机，主频为 6 MHz，存储空间可达 48 kB。软件设计全部采用 8098 汇编语言。

硬件模块包括 8805CPU 主板、8490 模拟量输入板、8492D/A 转换输出板、8013 键盘接口板、8325CRT 接口板。软件模块包括 CP96 组合软件、MON96 监控程序、TP96.LIB 浮点运算库以及其他应用软件模块。将这些模块和工业现场各工艺参数检测仪表相连接，完成自动控制系统与外部设备之间的数据交换。

3. 末煤重介分选系统产品质量在线自动测控系统的特点

该系统采用先进的 γ 射线测量技术，在线自动检测重介旋流器产品灰分，经计算机自动修正悬浮液密度给定值，可以稳定产品质量，提高精煤产率和提高选煤生产的科学管理水平。

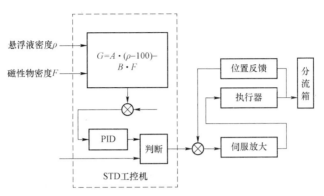

图 7-12　合格介质桶液位控制原理框图

4. 末煤重介分选系统产品质量在线自动测控系统的应用实例及效果

该系统在开滦马家沟矿选煤厂用于主选系统。主选设备采用 3 台并联的 $\phi500$ mm 重介旋流器，定压漏斗式给料，入选 25～0.5 mm 原煤。悬浮液密度采用补加浓介质和补加水的方法进行调节，重介悬浮液煤泥含量及悬浮液液位控制则采用脱泥分流的方法。

通过该系统实现了：重介悬浮液密度的自动调节；根据精煤灰分的波动，自动修正密度给定值；重介悬浮液煤泥含量的稳定控制；合格介质桶液位自动控制；旋流器入口压力监测与报警；原煤入选量的监测与报警；屏幕汉字显示各工艺参数数据、给定值、累计值、PID 参数修改值等画面；定时或召唤打印各工艺参数。仪表、设备联系图如图 7-13 所示。

末煤重介分选系统产品质量在线自动测控系统在生产中连续记录了产品灰分和悬浮液密度的运行曲线。从曲线波动情况可看出：投入自动调节后，与人工操作相比，悬浮液密度波动一般为 ±1%，如果选煤工艺条件合适，悬浮液密度可以控制在 ±0.5%；产品灰分波动一般为 ±0.3%。原煤可选性的变化或者其他工艺参数的变化造成产品灰分波动时，可由自动控制系统较快地进行纠正，使产品灰分趋于稳定。

使用结果证明，主选精煤产率由使用前的 37.18% 提高到 38.81%，最终精煤产率由使用前的 57.61% 提高到 58.97%。使用该系统后，主选精煤小时快灰合格率由 61.43% 提高到 67.175，内控指标合格率提高了 5.74%。产品质量稳定，效率明显提高。

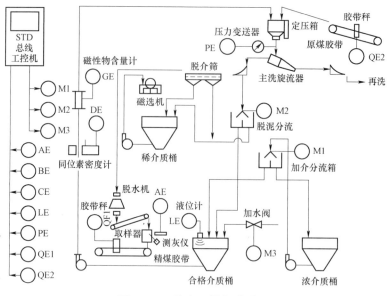

图 7-13　仪表、设备联系图

第三节　浮选工艺参数的检测和控制

　　浮选是从细粒矿浆中回收精矿的一种选矿工艺。浮选系统实现工艺参数自动控制的主要目的在于稳定产品质量，提高精煤回收率，节省药剂和电耗，减轻操作员笨重、烦琐和盲目的劳动。目前对浮选系统的工艺参数的测控主要是把工艺参数稳定在按经验得到的最佳值上。

　　在浮选工艺过程中，影响其分选效果的参数很多，主要有入料矿浆的浓度、流量以及浮选药剂的增加量，起泡剂与捕收剂的配比等。若能够稳定入料矿浆的流量和浓度，并根据单位时间进入浮选的固体物料量按一定配比添加药剂，即可满足生产工艺要求。因此，浮选工艺参数自动控制是多变量的控制。图 7-14 所示为浮选工艺参数自动控制系统示意。为了便于分析，将其分为 4 个部分：流量自动控制系统、浓度自动控制系统、药剂添加量自动控制系统和浮选槽液位自动控制系统。

一、流量自动控制系统

　　在图 7-14 中包括一个流量调节系统，其框图如图 7-15 所示。由电磁流量计检测浓缩机底流量并与给定值比较，将偏差值送入 PID 调节器，PID 调节器输出一个相应的电流信号，控制电动执行器，调节底流阀阀门开度。当流量大于给定值时，PID 调节器输入负偏差，输出电流减小，电动执行器则驱动阀门减小开度，使流量减小，直至底层流量与给定值相同时，阀门开度保持不变。

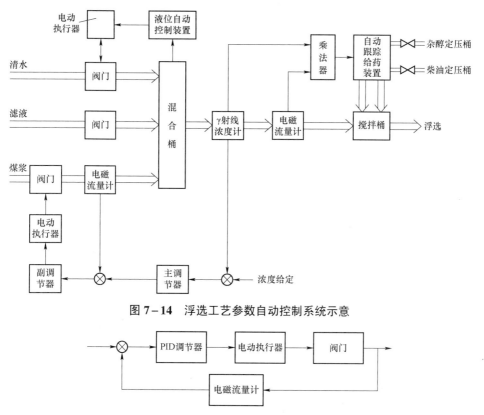

图 7−14　浮选工艺参数自动控制系统示意

图 7−15　流量自动控制系统框图

二、浓度自动控制系统

浓度自动控制系统框图如图 7−16 所示。该系统是利用安装在混合桶出口处的 γ 射线密度计测量混合后的煤浆浓度，与给定值比较后，将偏差值送入主调节器（即浓度调节器），其输出作为副调节器（流量调节器）的给定值，副调节器用来调节浓缩机底流，即煤浆的流量。当经混合桶混合后的煤浆浓度与给定值相同时，主调节器输入为零，输出保持不变。这时副调节器根据主调节器的输出（作为流量给定值）使底流量保持在相应的数值，并克服外来干扰，使流量稳定不变。由于副调节器可以对外界干扰进行调节，当外界因素引起流量变化时，副调节器不等浓度发生变化已对流量波动进行调节，使其稳定在给定值上，因此流量调节有利于浓度调节。

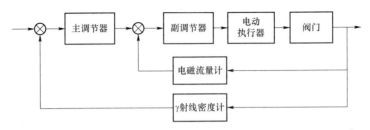

图 7-16　浓度自动控制系统框图

三、药剂添加量自动控制系统

药剂添加量根据进入浮选的固体物料量（干煤流量）来确定，固体物料量可由流量与浓度的乘积得到。单位重量的固体物料量所需消耗的药剂量以及起泡剂与捕收剂的配比通常根据经验来确定，药剂添加量自动控制系统一般为开环控制系统，也可采用闭环控制系统。下面介绍两种药剂添加量自动控制系统。

1. 药剂添加量开环随动控制系统

图 7-17 所示为药剂添加量开环随动控制系统框图。煤浆流量和浓度作为输入信号送入乘法器，将其相乘后变换为相应的电压信号，再经 $V-f$ 转换电路，变换频率与之对应的脉冲信号，经整形放大后输出至步进电动机。步进电动机按脉冲数步进运转，步进电动机又驱动微型齿轮泵加药。齿轮泵的药剂添加量正比于步进电动机的转速，而步进电动机的转速又正比于输入脉冲频率，脉冲频率正比于进入浮选的固体物料量（流量与浓度的乘积）。因此，齿轮泵的药剂添加量正比于进入浮选的固体物料量。当固体物料量增加时，乘法器输出电压增大，频率增大，脉冲整形后放大电路输出的脉冲频率也随之增加，步进电动机速度加快，使齿轮泵的药剂添加量增加。反之，当进入浮选的固体物料量减小时，齿轮泵的药剂添加量也随之减小，从而实现药剂添加量的随动控制。

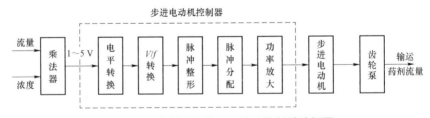

图 7-17　药剂添加量开环随动控制系统框图

2. 分散多点加药控制系统

上述系统没有药剂添加量的检测装置，属于开环控制系统，因此控制精度不高。图 7-18 所示为分散多点加药控制系统框图。这种控制系统改一点加药为多点加药，每台浮选机加药点用电磁阀控制加药剂量，并通过压差式流量计检测药剂流量，形成闭环控制系统，因此可以提高加药精度。

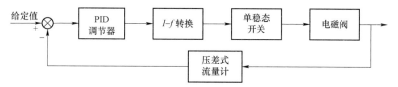

图 7-18　分散多点加药控制系统框图

该系统的药剂流量采用压差式流量计检测，在药管中插入适当厚度和孔径的节流孔板，用压差式流量计测量节流孔板前、后的压差反映管路中的药剂流量。药剂的添加由电磁阀控制，电磁阀由单稳态开关控制。单稳态开关电路如图 7-19 所示。图中单稳态开关电路由两节单稳态开关组成，单稳态开关的节数取决于加药点数。一般有多少台浮选机就设多少个加药点，单稳态开关也就有多少节数。L_1、L_2 为电磁阀的线圈，S_1、S_2 为加药点控制开关，哪一点需要加药，就把该点的开关合上。

单稳态开关采用 NE555 集成块，NE555 集成块是一种较常用的集成元件，它共有 8 根引脚，当从输入端 2 输入一个负脉冲时，输出端 3 翻转为高电位，使晶闸管被触发导通，电磁阀线圈有电，电磁阀打开加药待电容器 C_1 充电结束后，输出端 3 变为低电位，电磁阀关闭，停止加药。当下一个负脉冲到来时，输出端 3 又翻转为高电位，电磁阀打开加药。因此，电磁阀加药量的多少取决于输入脉冲的频率，输入脉冲频率越高，电磁阀打开次数越多，加药量越大。

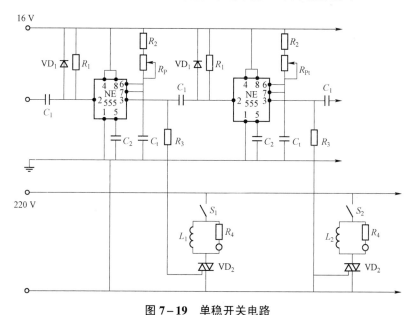

图 7-19　单稳开关电路

当输出端 3 在低电位期间，电流经 R_1 对 C_1 充电、充电电压为右正左负且等于电源电压。当输入端 2 输入负脉冲、输出端 3 翻转为高电位时，电容器 C_1 右端的电位等于输出端 3 的电位加上电源电压。因此，电容器 C_1 通过 VD_1 放电，使 C_1 两端电压接近零，当输出端 3 电位变低时，C_1 右端电压则随之变低，这样就向下一级单稳态开关电路输入端 2 输入一个负脉冲，触发下一级电路的晶闸管。

系统工作原理：原矿浆流量与原矿浆浓度送入乘法器运算，其结果（代表固体物料量）作为药剂添加量的给定值。由压差式流量计检测出的实际药剂添加量与给定值比较，偏差信号送入 PID 调节器，PID 调节器输出相应的电流（0～10 mA 或 4～20 mA），经 I/f 变换电路变换成相应频率的脉冲信号，送入单稳态开关电路，单稳态开关触发双向晶闸管 VD_2，控制电磁阀加药。

当进入浮选的固体物料量不变时，则药剂添加量的给定值不变。

当药剂流量检测装置检测到的实际药剂添加量小于给定值时，则 PID 调节器输入正偏差，其输出电流增大。经 $I-f$ 变换电路使其输出脉冲的频率增加，电磁阀打开次数增多，从而加大药剂添加量，直至实际药剂添加量与给定值相等时，PID 调节器输出电流保持不变，I/f 变换电路输出脉冲频率保持不变，电磁阀加药量保持稳定。当实际药剂添加量大于给定值时，其调节过程与上述过程相反，最终也是使实际药剂添加量和给定值相同。

四、浮选槽液位自动控制系统

图 7-20 所示为浮选槽液位自动控制系统框图。该系统主要由液位检测装置、PID 调节器、排料执行机构等部分组成。常用的液位检测装置主要有电极、浮球、测压管等多种；排料执行机构可以用电动执行机构，也可以用电控风动（或液动）执行机构；调节量为尾矿排出量。

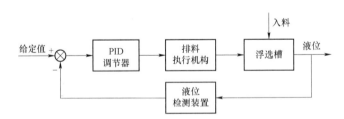

图 7-20　浮选槽液位自动控制系统框图

当矿浆入料和尾矿排出量均稳定时，浮选槽液位等于给定值，排料执行机构不动作，排料口适中，液位保持不变。当液位检测装置检测到浮选槽实际液位升高而大于给定值时，PID 调节器输入负偏差，输出电流增大（PID 调节器调至"反"作用状态），排料执行机构动作，使尾矿排料阀门（或闸门）开度加大，排料流量增大，液位降低。直至液位降至给定值时，PID调节器输入偏差为零，输出保持不变，排料执行机构不再动作，排料闸门（或阀门）开度不变。反之，当液位低于给定值时，PID调节器输入正偏差信号，输出电流减小，排料执行机构减小排料闸门（或阀门）开度，减小排料流量，使液位升至给定值，从而实现浮选槽液位自动控制。

第四节　耙式浓缩机溢流水浊度自动测控系统

耙式浓缩机溢流水浊度自动测控系统是在消化国外同类产品的基础上研制成功的，目的是解决选煤厂洗水闭路循环、减少煤泥水造成的环境污染。

目前国内大多数选煤厂是靠人工在耙式浓缩机中加入凝聚剂溶液来加速煤泥沉淀，降低浓缩机溢流水的浊度。但是靠人工配制凝聚剂溶液和人工控制加药量存在不少问题，如配制凝聚剂溶液时，劳动强度大；若由人工来撒粉状凝聚剂，则粉尘对工人的健康有害，而且手工撒药容易形成团块，不易溶解，使搅拌时间加长，浪费电力，增加电动机及设备磨损。此外，由于没有浊度检测仪表，只能靠观察溢流水的清浊程度控制加药量，但溢流水的浊度是随着进入浓缩机的煤泥水的浓度、流量及煤泥的性质、粒度等的变化而不断变化的，靠人工控制不可能适应这种变化，并且药剂的浪费也会比较严重。

根据我国的实际情况，人们成功研制了 ZCK-1A（B）型浊度测控系统，其用于选煤厂耙式浓缩机溢流水浊度的测量及凝聚剂添加的自动控制。

1. 耙式浓缩机溢流水浊度自动测控系统的结构及组成

耙式浓缩机溢流水浊度自动测控系统由凝聚剂溶液制备系统、溢流水浊度测量系统、凝聚剂溶液自动添加系统3部分组成。各部分可单独使用，也可组合使用。

ZCK-1A（B）中，1A型与1B型的结构基本相同，只是在1A型中，凝聚剂溶液自动添加系统的执行元件采用调量泵调节流量；在1B型中，执行元件采用电动调节阀调节流量。

（1）凝聚剂溶液制备系统由除尘器、螺旋送料机、风力提升器、混合器、搅拌桶、管道泵、储备池、液位电极、空气压缩机、电磁阀等组成。

凝聚剂溶液制备系统如图7-21所示。

该系统可自动将粉状凝聚剂配制成所需浓度的凝聚剂溶液，它在搅拌桶与储备池内液位电极信号的控制下，按预先设计的程序自动运行。

（2）溢流水浊度测量系统由浊度传感器、采样管路、清洗电动机、电磁阀等组成。

溢流水浊度测量系统如图 7-22 所示。

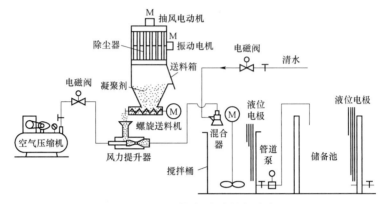

图 7-21 凝聚剂溶液制备系统

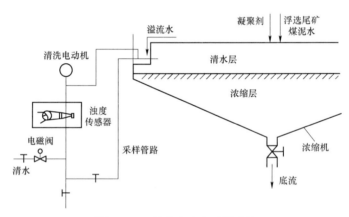

图 7-22 溢流水浊度测量系统

浊度传感器可对浓缩机溢流水的浊度进行测量，输出 0～10 mA 的直流电作为浊度指示，同时输出"清""浊"变化的开关量信号，作为凝聚剂溶液自动添加的控制信号。

（3）凝聚剂溶液自动添加系统由浊度传感器、开关量-模拟量转换调节器、可控整流电源、直流电动机、执行元件（1A 型为调量泵、1B 型为电动调节阀）组成。

1A 型和 1B 型分别如图 7-23、图 7-24 所示。

由浊度传感器输出的"清""浊"开关量信号，经开关量-模拟量转换调节器的转换调节作用后，输出信号控制执行元件，实现按浊度程度自动添加凝聚剂溶液的目的。

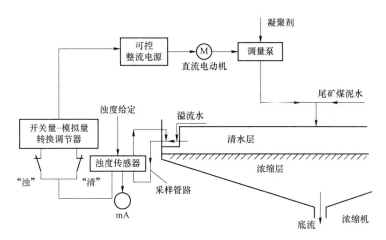

图 7-23　ZCK-1A 型凝聚剂溶液自动添加系统

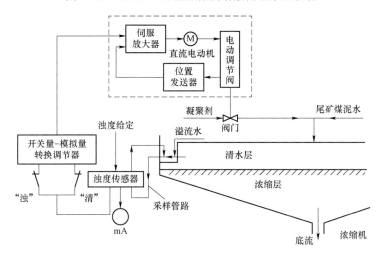

图 7-24　ZCK-1B 型凝聚剂溶液自动添加系统

2. 耙式浓缩机溢流水浊度自动测控系统的工作原理

（1）凝聚剂溶液制备系统。由螺旋送料机送出的粉状凝聚剂，经风力提升器输送至混合中心管吹散后，与由混合器供水腔下法兰开孔中喷出的清水均匀混合一起注入搅拌桶，搅拌约 1 h 后，便制成一定浓度的凝聚剂溶液，然后经管道泵泵至储备池，即可供需要添加凝聚剂溶液的设备使用。

该系统有手动、自动两种工作状态，一般在设备调试、处理故障时使用手动，正常工作投入自动运行。在自动运行状态，它的工作是在搅拌桶与储备池内液位电极信号的控制下，按预先设计的程序进行。

该系统还设有故障及液位报警装置。

（2）溢流水浊度测量系统。浓缩机溢流水属于低浓度的悬浮液，随团体、含量的增多而变浊，故浊度采用可见光透射法进行测量，用光敏三极管作光电转换元件。测量光透过测定管和浊度液后的光强关系式为

$$I_2 = I_1 e^{-kdl} \tag{7-4}$$

式中，I_1——照射到测定管的光强；

　　　I_2——透过测定管后照到光敏三极管的光强；

　　　k——比例系数；

　　　d——浊度；

　　　l——测量光透过试样深度，此处近似为测定管内径；

　　　e——自然常数。

由于光源采用恒流电源供电，所以照射出的光强 I_1 为一定值，测定管的材料与管径确定后，k、l 亦为常数，因此 I_2 随 d 的变化而变化，即浊度 d 的变化使透过测定管后的光强发生变化，光敏三极管受到变化的光强照射而产生相应的电压信号，即浊度信号。此信号经处理后，转换成模拟信号作为浊度指示，同时输出一组"清""浊"变化的开关量信号。其原理框图如图 7-25 所示。

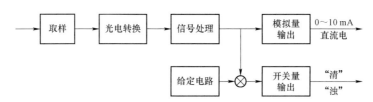

图 7-25　浊度传感器原理框图

另外，由于被测溢流水在测定管内流动缓慢，有部分煤泥沉积在测定管内壁，影响测量精度，故隔一段时间就需进行清洗。采用的方法是，控制电磁阀通入清水冲洗，微型电动机带动刷子刷洗。

（3）凝聚剂溶液自动添加系统。根据浓缩机的工作原理及浓缩机本身惯性大、滞后时间长的特点，采用前馈测量-偏差调节的方法，这样可简化系统、降低成本。

所谓前馈测量的含义是，该系统的被调量是浓缩机溢流水，但为了克服浓缩机惯性大、滞后时间长造成调节不及时的缺点，浊度传感器的采样管不是直接从池边伸到溢流水面下采集溢流水，而是从溢流水面下 0.5～1 m 处的深度伸入池内进行采样，这样从采样管处到溢流水面之间的清水层便成为一个大容量的缓冲区，足以克服调节不及时的缺点，而这种比较调量提前采样测量的方法称为前馈测量。

该系统采用了开关量-模拟量转换调节器，如图 7-26 所示。它的作用是使

该系统按浊度的模拟量调节，转换成按浊度的开关量调节，即根据浓缩机清水层的"清""浊"变化进行调节，调节量的大小与"清"或"浊"的时间成比例，与溢流水的实际浊度值无关，调节作用的快慢可根据被调对象的实际情况进行调整，这就使执行元件无须频繁地、大幅地进行调整，而全系统也能稳定、可靠地工作。

经转换与调节作用后，输出模拟量信号作为执行元件的控制信号，实现按浊度自动添加凝聚剂溶液的目的。

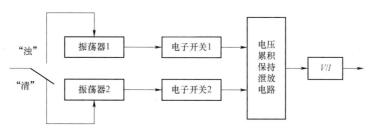

图7-26　开关量-模拟量转换调节器原理框图

3. 耙式浓缩机溢流水浊度自动测控系统的特点

（1）在凝聚剂溶液制备系统中，送料箱与风力提升器内设有加热器，保温去潮，可防止凝聚剂黏结，便于风力输送，且降低了工人体力劳动强度。除尘器可防止粉尘污染环境；采用混合器，可使药剂与水均匀混合，充分溶解，提高药剂使用效率。

（2）在溢流水浊度测定管中设有清水冲洗及电动刷洗机构，可保证浊度传感器能可靠工作。浊度传感器还设有浊度检测片插座，可方便地使用浊度检测片进行调试或检查浊度传感器的工作。

（3）凝聚剂溶液自动添加系统采用前馈测量-偏差调节方案，使系统简单，成本降低；采用开关量-模拟量转换调节器，增加了积分时间常数，以适应浓缩机惯性大、滞后时间长的特点，使系统有较好的调节精度并能稳定工作；1B型采用电动调节阀调节流量，取代1A型中的调量泵，使成本降低。

4. 耙式浓缩机溢流水浊度自动测控系统的应用实例及效果

ZCK-1A（B）型浊度测控系统是在淮北选煤厂尾煤浓缩系统上进行工业试验的，试验的目的是实现粉状凝聚剂按规定浓度自动配制；对溢流水浊度进行连续测量，并根据浊度的变化自动调节凝聚剂溶液的添加量，最终实现凝聚剂用量合理控制，使溢流水浊度达到生产要求。

淮北选煤厂尾煤浓缩机采用TNB-30型浓缩机，处理能力为31.1 t/h，尾煤入料浓度一般为60 g/L。试验前，采用人工配制凝聚剂溶液与人工控制添加凝剂溶液的办法。

人工配制凝聚剂溶液的劳动强度大，药剂撒放不均匀，容易形成团块，且搅拌时间长，电耗大，设备磨损严重。人工控制加药量不及时，耗药量大，难以保证清水层厚度，不利于循环水充分回收。

通过试验数据分析，浓缩机溢流水浊度达到了国家环保规定的标准，即固体含量小于 0.5 g/L，凝聚剂用量降至每吨煤泥 40 g 以下，达到了合理使用的技术指标。

采用该系统后，节省凝聚剂 32.7%、节约电耗约 29 MW·h/a；节约清水约 5 万 t/a。由于溢流水团体含量减小，进一步降低了循环水洗水浓度，改善了跳汰、煤泥脱水、浮选、过滤等工艺效果，有助于提高精煤质量和产率，减少煤泥流失，具有一定的经济效益和社会效益。

第五节　真空过滤机液位自动调节系统

真空过滤机理想的工作液位，要求长期稳定在既不跑溢流又不泄真空的区间。目前，自动控制液位大多是靠控制阀门开度、调节入料量来实现的。这种方法虽然对稳定液位起到一定作用，但不能解决生产过程中料量过剩或不足的问题。当料量多时，只能调节闸阀起节流作用，缓解一时的生产矛盾，如果持续时间较长，必然造成生产环节失调；当料量少时，过滤机处理能力不减，液位自然下降，过滤机处于低液位泄漏真空区运行，形成恶性循环，达不到预期的效果。因此，实现液位自动调节是十分必要的。

1. 真空过滤机液位自动调节系统的结构及组成

真空过滤机液位自动调节系统由单管差压计液位测量装置、PI 调节器、I/V 转换电路、V/f 转调频器等 4 个环节组成，与被控对象构成了负反馈闭环控制系统。

（1）单管压差计液位测量装置。单管压差计的主要功能是将被测定液位的某个给定范围变成对应的信号，即电流 I_h。图 7-27 所示是单管压差计的原理结构。其中，A_1 和 A_2 是两个固定的电容极板，B 是弹性感压膜片，三者互相绝缘构成两个压容室。设 δ 为被测液体的密度，单管插入被测液体的垂直高度为 h，P_0 为大气压强，则左边压容室气压为 P_0，右边压容室气压为 $P=P_0+h\delta$，即弹性感压膜片右边压强比左边大 $h\delta$，正比于单管插入深度 h，因此，左、右两个压容室的电容差和输出电流 I_h 正比于 h，由此测出液位的高度。

（2）PI 调节器。PI 调节器的主要功能是将输入偏差信号 ΔI 进行比例积分运算，输出控制信号，以提高自动调节系统的动态质量和控制精度。

（3）*V/f* 调频器。它以 50 Hz 三相电压为电源，用 0～5 V 或 4～20 mA 弱电作信号控制三相电源的频率，使电动机的转速随频率的变化而变化。

（4）*I/V* 转换电路。*I/V* 转换电路通过一个 250 Ω 电位计将调频器输出的 4～20 mA 电流变成对应的 1～5 V 电压信号，以此作为调频器的控制信号。调频器所需输出的最高频率由电位计 WR_1 决定，输出的最低频率由电位计 WR_2 决定。调频器的最高频率和最低频率所对应的电流分别是 20 mA 和 4 mA。

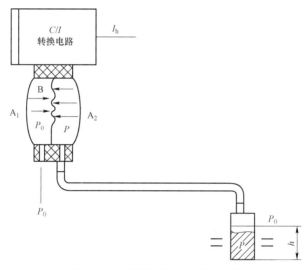

图 7－27　单管压差计的原理结构

2. 真空过滤机液位自动调节系统的工作原理

真空过滤机液位自动控制系统原理图如图 7-28 所示。

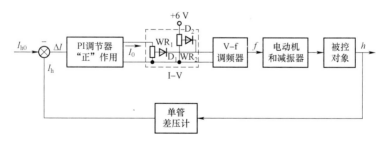

图 7－28　真空过滤机液位自动控制系统原理图

当控制系统投入运行后，如果浮选来料多，过滤机处理能力不适应，液位必然呈上升趋势，当实际液位高于给定值时，PI 调节器输入端出现正偏差信号，输出信号增大，调频器频率升高，滤盘转速上升，以增大处理量来扼制液位上升。若浮选来料少，过滤机处理能力不减，液位呈下降趋势，当实际液位低于给定值时，PI 调节器输入端出现负偏差信号，输出信号减小，通过调频器使过滤机转速降低，减少处理量。上述转速与处理量的增减变化是连续不断的，直到浮选来料与过滤机的处理量达到平衡，将过滤机的液位稳定在给定工作区域为止。当液位超出极限区时，即发出报警。

3. 真空过滤机液位自动控制系统的特点

（1）结构简单。

（2）控制精度高。该系统根据过滤机入料量多少而改变过滤机转速，最终使来料与处理量达到平衡，因此能使过滤机液位处于最佳位置。

（3）适应性强。该系统完全能适应浮选的生产需要。当浮选精煤量大时，过滤机处理量也随之变大；反之，浮选精煤小时，处理量也随之变小。其跟踪应变性能很强，不会造成工艺间的失调。

4. 真空过滤机液位自动控制系统的应用实例及效果

真空过滤机液位自动控制系统安装在开滦林西矿选煤厂 PG116-12 型真空过滤机上，该机平均处理能力为 0.18 t（干煤）/（m² · h），滤饼水分在 30.73% 以上。该机安装使用了液位自动调节系统，并采取其他措施后，通过自动调节系统自动调节入料量。干煤处理能力提高了 3.28 倍，滤饼水分下降了 6.01%。

第六节　胶带输送机常见故障自动调控技术

下面介绍胶带输送机电子监测保护装置。

胶带输送机是选煤厂的重要物料输送设备，其运转状态直接关系到全厂的正常生产与人身安全，因此，胶带输送机的故障监测和保护十分重要。

JD 型胶带输送机电子监测保护装置具有功能齐全、配置灵活等特点，既可用于老厂改造，也可为新厂设计配套。

1. 胶带输送机电子监测保护装置的结构及组成

胶带输送机电子监测保护装置由二级跑偏开关及显示保护单元、测速（打滑）传感器及显示保护单元、堆料（堵溜槽）传感器及显示保护单元、多功能紧急闭锁开关（拉绳开关）及显示保护单元组成，如图 7-29 所示。

2. 胶带输送机电子监测保护装置的工作原理

1）跑偏保护

（1）PK-1 型二级跑偏开关。二级跑偏开关具有两级动作功能，一级动作用于报警，二级动作用于自动停车。两级动作角度可在开关内部连续调节，可根据具体情况确定初始安装位置。初始安装位置要留有足够余量，只有当胶带出现严重跑偏时才自动停车。PK-1 型二级跑偏开关结构示意如图 7-30 所示。

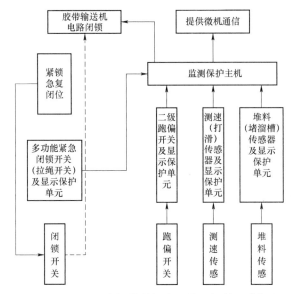

图 7-29　JD 型胶带输送机电子监测保护组成框图

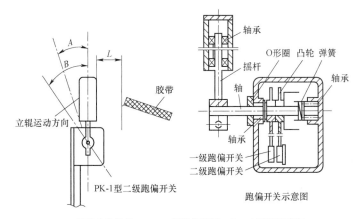

L—初始安装位置；A——级跑偏报警；B—二级跑偏停车

图 7-30　PK-1 型二级跑偏开关结构示意

（2）二级跑偏开关及显示保护单元如图 7-31 所示，其接收二级跑偏开关量信号。当跑偏开关因胶带跑偏受力倾斜一定角度（可在 0°～50°内任调）时，其一组凸轮驱动微动开关发出信号，该信号通过门电路及记忆电路处理，转换为记忆故障与非记忆故障（人为设定）的报警信号，进行声光报警及显示。同理，当胶带继续跑偏时，开关内两组凸轮驱动微动开关动作，发出停车信号，通过主机切断胶带输送机的控制回路及电源。

跑偏开关是靠立辊在胶带跑偏的推动下，带动小轴及小轴上的两个凸轮，当凸轮转到一定的角度时，凸轮开始对微动开关施压，使电路工作，实现报警或停机的指令；当胶带回位时，立辊在开关内弹簧的作用下复位。

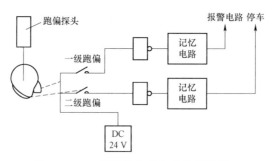

图7-31 二级跑偏开关及显示保护单元

2）速度保护

测速（打滑）传感器及显示保护单元主要用于监测胶带输送机在运行过程中出现的胶带与主动滚筒之间的打滑所造成的恶性事故。其结构示意如图7-32所示。

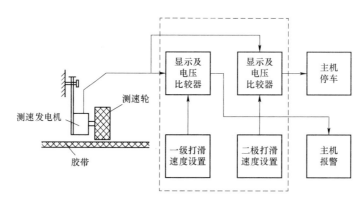

图7-32 测速（打滑）传感器及显示保护单元

测速发电机安装于返回胶带上方，测速轮靠胶带驱动旋转，转速约为40 r/min。测速发电机在胶带机正常工作的情况下，可发出18 V直流电压，而胶带发生打滑故障时，测速发电机电压低于18 V直至为0 V。

测速发电机的电压信号送入主机速度保护单元，该单元设计了两组电压比较器，每组电压比较器内均有预置电压设定值，两组电压比较器的设定值不同，报警组电压比较器设定电压为16 V，当测速发电机发出的信号因胶带打滑低于或等于16 V时，电压比较器输出信号，使主机发出报警声光信号，并通过条形发光显示器显示，表示监测到胶带发生了低速故障。同理，超低速打滑停车保护组的预置电压为5 V，在胶带严重打滑的情况下，电压比较器输出信号，主机自动切断胶带输送机电控回路，使胶带输送机停车。

3）堆料保护

堆料（堵溜槽）传感器及显示保护单元结构示意如图7-33所示。当溜槽内形成堆料后，位于溜槽内的两个电极通过堆积的煤形成通路，该信号被放大后显示故障情况，同时向主机传送信号，由主机发出声光报警及输出开关量信号，以驱动前级设备停车及单机停车。

4）紧急闭锁保护

胶带输送机紧急闭锁保护是由紧急闭锁开关（又称拉绳开关）完成的。JK－1型多功能紧急闭锁开关的最大特点是内装电磁复位机构，可在胶带输送机头统一复位，这样能做到沿线遇事故时即拉即停，而无故障时集中电动复位启车。多功能紧急闭锁开关（拉绳开关）及显示保护单元结构示意如图7－34所示。

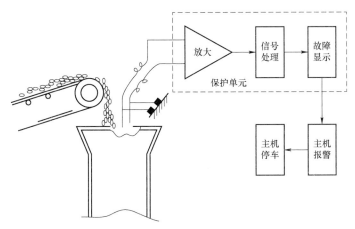

图7－33　堆料（堵溜槽）传感器及显示保护单元结构示意

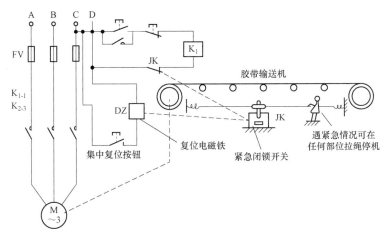

图7－34　多功能紧急闭锁开关（拉绳开关）及显示保护单元结构示意

实训项目四

实训项目名称： 绘制闭环控制系统结构框图。

实训要求：

（1）能够准确绘制闭环控制系统结构框图；

（2）能够完整、准确地叙述闭环控制系统的基本结构及工作原理。

实训内容：

本实训需要绘制的闭环控制系统结构框图如图 7-4 所示。

实训项目五

实训项目名称： 绘制末煤重介分选系统产品质量在线自动测控系统的原理框图

实训要求：

（1）能够准确绘制末煤重介分选系统产品质量在线自动测控系统的原理框图；

（2）能够完整、准确地叙述末煤重介分选系统产品质量在线自动测控系统的结构组成及工作过程。

实训内容：

本实训需要绘制的末煤重介分选系统产品质量在线自动测控系统的原理框图如图 7-9 所示。

实训项目六

实训项目名称： 绘制末煤重介分选系统产品质量在线自动测控系统仪表、设备联系图

实训要求：

（1）能够准确绘制末煤重介分选系统产品质量在线自动测控系统仪表、设备联系图。

（2）能够完整、准确地叙述末煤重介分选系统产品质量在线自动测控系统仪表、设备联系结构。

实训内容：

本实训需要绘制的末煤重介分选系统产品质量在线自动测控系统仪表、设备联系图如图 7-13 所示。

实训项目七

实训项目名称：绘制浮选工艺参数自动控制系统示意图。

实训要求：

（1）能够准确绘制浮选工艺参数自动控制系统示意图；

（2）能够完整、准确地叙述浮选工艺参数自动控制系统的结构组成及工作过程。

实训内容：

本实训需要绘制的浮选工艺参数自动控制系统示意图如图 7-14 所示。

实训项目八

实训项目名称：绘制 ZCK-1B 型凝聚剂溶液自动添加系统原理框图

实训要求：

（1）能够准确绘制 ZCK-1B 型凝聚剂溶液自动添加系统原理框图；

（2）能够完整、准确地叙述 ZCK-1B 型凝聚剂溶液自动添加系统的结构组成及工作过程。

实训内容：

本实训需要绘制的 ZCK-1B 型凝聚剂溶液自动添加系统原理框图如图 7-24 所示。

附　录

集控员安全技术操作规程

一、一般规定

第一条　经过安全和本工种专业技术培训，通过考试取得合格证后持证上岗。

第二条　严格执行《选煤厂安全规程》等有关规定。

第三条　具备组织和指挥生产的能力，熟练掌握集控操作和故障应急处理方法。

第四条　掌握选煤工艺流程、设备流程、各主要作业过程。

第五条　熟悉机电设备的构造、技术特征、故障规律、常见故障的原因，能对生产中出现的问题作出正确判断和处理。

第六条　掌握风、水、电系统的工作情况，能合理调配使用，确保生产需要。

第七条　掌握原煤的数量、质量情况及原煤、产品的储运情况，生产计划和产品指标等。

第八条　了解各车间、组室的关系及职责分工，能联系畅通，促使各方更好地为生产服务。

第九条　掌握模拟盘、显示器上各种信号的指示意义，按照顺序熟练操作计算机。必须掌握调度室装备的各种通信、集控和自控设备。

第十条　能熟练填写并运用各种生产图表和记录，为积累原始资料和现代化管理服务。

第十一条　上岗时，按规定穿戴好劳保用品。

二、操作前准备

第十二条　掌握按计划、临时安排或抢修的检修项目的进展和完成情况。开车前30min确认各车间的检修项目是否完成，确认后方可按照生产需要开车。

第十三条　开车前，应了解洗水状况、絮凝剂制备和重介质制备等准备工作。

第十四条　了解岗位人员在岗情况。

第十五条　上述各项全部落实后，根据系统设备情况，选择集控或就地开车方案，并通知现场操作人员。

三、正常操作

第十六条　仅当班调度员（集控操作工）有权操作集控系统。正常生产开车时，根据各自的启车系统程序要求进行启车操作。开车按照逆煤流顺序进行。

第十七条　开车前的注意事项。

（1）询问上班操作员有关设备运转情况和遗留问题，发现问题及时向班长汇报。

（2）及时联系，全面了解全厂设备的检修完成情况，是否存在报警，各岗位操作人员是否允许启车。

（3）开车前，通知相关负责人准备开车，确认检修工结束，岗位工就位，将"集中/就地"旋钮切换到集中位置查看主厂房设备状态，筛分设备状态画面，如有设备处于单台就地状态，通过单击相应按钮将其转换至集中状态，如有设备显示禁止启动或电源断开等红色报警，先单击复位按钮，看报警状态能否切换为正常状态。如仍不能联系相关负责人，将现场控制箱禁启按钮旋启或空开送电后再单击复位按钮转换至正常绿色状态。

（4）切换至启动顺序画面，将画面中的几个转换开关旋至当前生产所需位置，确认状态正常，主井队允启灯、选煤厂允启灯均为绿色。汇报调度室按顺煤流顺序启车。

（5）单击预告按钮，等待几十秒，就绪灯变绿后，单击顺启按钮，此时就绪灯变红，顺启灯变绿，设备按照顺启间隔时间依次自动启动，启动至 3101 和 3201 两台设备时，须等待现场确认介质和循环水系统运转稳定后，将 3101（块煤入洗皮带）和 3201（混煤入洗皮带）两台设备的启动旋钮分别旋转至允许状态才可以完成剩余设备的顺启工作。顺启设备启动完毕，顺启灯变红，在启动过程中如果遇到问题，可单击解除按钮解除顺启。

第十八条　正常生产开车时，集控启车设备要等候集中启动；不参加集控的设备的开车，根据具体情况由调度员（集控操作工）与车间班长掌握。

第十九条　在启车过程中，要通过大屏幕、模拟盘、显示器等密切监视各系统的运行情况，观察各设备的运转状态，如有情况要及时与岗位工及有关人员联系处理并采取应急措施，注意大型机电设备的电流值，如有异常不可强行启动运转。

第二十条　密切观察各种控制按钮、指示灯等是否正常，发现问题应及时通知维修人员进行维修，并向调度室报明情况。

第二十一条　系统设备运转正常后，方可安排带煤生产。

第二十二条　不开车时，应确保所属范围内的仪表、监视设备等处于初始状态，发现问题要及时通知有关人员处理。

第二十三条　设备检修维护时应先按下禁启按钮，并应严格贯彻落实"谁按下谁负责旋起"的操作制度，以确保安全。

第二十四条　按规定记录各种数据，并按规定进行数据的传送。

四、特殊情况的处理

第二十五条　生产中出现事故时，应根据实际情况快速安排停煤、停水等相关事宜；及时安排事故处理，并汇报值班领导。

第二十六条　出现突发恶性事故，包括生产系统大面积电气故障、人身伤害事故、重大机电设备事故等时，集控员应及时采取急停等措施，以防止事故扩大，并立即汇报值班领导。

第二十七条　若集控系统发生故障，需就地开车时应注意以下几点：

（1）向各岗位发出就地连锁开车命令，将设备状态转换到就地状态。

（2）通知各岗位操作员就地连锁启车，并监视其启动情况。

（3）在启车过程中发现情况异常时，可用对讲机、电话指挥，若情况紧急可紧急停车。

（4）在非开车时间和无特殊要求时，将设备调至就地状态。

（5）在多系统和有多台备用设备的条件下，设备出现故障应能灵活地启动另一系统或备用设备，以保持生产的连续性。

（6）设备出现故障后，除及时启动备用设备外，应将故障设备转换为就地控制状态，并立即向调度室汇报情况并积极通知设备维修部门，组织力量抢修。

五、停车操作

第二十八条　停车时切换至停止顺序画面，按下顺停按钮，一声长铃响后，顺停灯变绿，设备按照顺停间隔依次自动停止，设备顺停完毕顺停灯变红。

第二十九条　设备顺停完毕后，将"集中/就地"旋钮切换至"就地"，提醒相关工作人员，可以进行设备维修养护等工作。

第三十条　调度员（集控操作工）应及时向有关班长及厂领导汇报停车时间，由相关负责人根据计划停车或事故停车的不同情况进行下一步工作安排。

第三十一条　就地停车时，通知源头设备停止给料，由岗位工就地停车。集控停车时，通知源头设备停止给料，由集控系统控制系统停车。

第三十二条 浓缩机应在处理完原矿和浓缩机中的煤泥后方可停车。

第三十三条 停车后应进行的工作如下：

（1）收集停车后各岗位检查出的需要处理的问题，并汇总上报有关部门进行处理。

（2）认真填写有关报表的工作记录，做好向上级的汇报工作，做好交接班工作。

第三十四条 有重点检修项目时，应深入现场，了解情况，发现问题，及时向主管领导汇报。

第三十五条 按文明生产要求，安排设备和工作现场的清洁工作。

六、岗位作业标准

（1）开机前操作员必须向各岗位发出开车信号，时间不得少于 15 s。

（2）原煤系统正常开机时间不得超过 5 min。

（3）水洗系统正常开机时间不得超过 10 min。

（4）煤量控制误差不超过 100 t。

（5）洗煤系统各桶位控制误差不超过 30 mm。

（6）各旋流器压力控制误差不超过 5 Pa。

（7）洗煤时各合格介质密度控制误差不超过 0.02ρ。

（8）精煤灰分控制误差不超过 0.3%。

（9）接听各通信信息时间不得慢于 30 s。

（10）出现重大事故后及时汇报矿调度室和厂领导，时间不得晚于 5 min。

七、本岗位有关法律法规

（1）《计算机信息系统安全保护条例》："集控员必须具备一定的电脑知识，必须经专业培训，考试合格后，方可上岗作业。"

（2）《选煤厂安全规程》："选煤厂的集控操作人员必须按照国家有关规定经专门的安全作业培训，取得作业操作资格证书，方可上岗操作。"

八、《选煤厂安全规程》对本岗位的有关规定

（1）集控室必须具有良好的减振、密封、通风、隔声性能，安设安全通道和符合电气消防的消防设施。集控室必须配备完善的通信设备和事故照明灯。

（2）操作人员必须经专业培训，考试合格后，方可上岗作业。

（3）严禁切断各种设备的报警信号和信号指示灯，确保各种信号显示正常。

（4）正常启动前，操作人员必须发出启车信号，时间不得短于 2 min。

九、岗位质量标准

（1）坚守工作岗位，工作时精力集中，随时观察，对故障作出正确的分析、判断，做到开停及时准确，确保正常运转。

（2）遵守操作规程，按顺序启动和停车。

（3）禁止吸烟、聊天，禁止用工控机打游戏、上网。

十、岗位责任

（1）负责对全厂设备集中操作、监控，负责对各产品仓料位的监控。

（2）负责集控室工控机、操作台的全部操作和保护。

（3）坚守工作岗位，工作时精力集中，随时观察，对故障做出正确的分析、判断，做到开停及时准确，确保正常运转。

（4）对液位、压力、频率、密度、煤量、灰分进行合理调节，使之尽可能接近设定值。

（5）负责集控室内通信、消防、照明、空调设备的保护和集控室的清洁卫生。

（6）负责集控室内各种报表、记录的填写，及时交给有关领导。

（7）向上级领导汇报生产状况和存在的问题，请示本班跟班厂长后再汇报，并传达有关领导的指示。

（8）协助跟班厂长完成各项工作和生产指标。

（9）负责对来客的登记和接待，有权禁止非工作人员入内。

（10）在集控室交接班对本班设备运转情况及注意事项进行详细交接。

某选煤厂集中控制系统实例

一、系统配置

1. 网络配置

本系统选用 Rockwell Automation 的新一代控制平台 ControlLogix 的 PLC 作为主控站和现场控制分站，全厂共设 1 个主站和 7 个分站。

控制系统采用按照功能、物理分散和管理集中相结合的原则设计。其控制范围包括原煤受煤、原煤准备、重介洗选、浓缩、加压过滤、产品装车等过程。

ControlLogix 通过高性能的工业控制网络 EtherNet/IP、ControlNet 及其处理单元，过程 I/O，人机接口和过程控制软件 Logix5000 以及 RSView 等完成煤炭洗选生产过程控制，与工厂配电系统设备 MCC、变频器、传感器、软启动器、执行器等连接完成高速的逻辑控制和调节控制动能，将工厂设备的状态和事件通过标准的 EtherNet/IP 和 ControlNet 通信网络传递给操作员工作站，并将控制命令通过该网络传递给控制系统，在机旁设有手动操作按钮用于手动试车、维护和应急操作以满足各种运行工况的要求，确保选煤生产安全、高效。

ControlLogix 的可利用率至少为 99.9%，所有模板的平均无故障时间（MTBF）不小于 10 万 h。模块级的自诊断功能使其具有高度的可靠性。系统的监视、报警和自诊断功能高度集中在显示器上显示和在打印机上打印，控制系统在功能和物理上分散，软件和硬件安全、可靠、先进。

ControlLogix 控制系统配备 2 台操作员站、1 台工程师站（可兼操作员站），配备 A3 单色网络激光打印机 1 台。操作员站、工程师站和网络打印机均挂在冗余的 100 M 以太网网络上，实现数据信息的高速通信。3 台操作员站运行 RSView32 或 RSViewSE HMI 软件，分别用于原煤准备系统、重介洗选系统和产品装车系统的监视控制，在 3 台操作员站上都可对公共部分进行监控。

加压过滤系统、CST 系统等单机自动化电控柜中有小型 PLC 用于控制各自主机设备，各小型 PLC 中的数据可通过总线接口连接至 ControlLogix 的各分站的 ControlNet 总线上，构成一个现场总线控制网络。

2. 集控系统的功能

借鉴国外选煤厂控制、管理的经验并参照有关现代化选煤厂的标准，本系统具有以下功能，以满足生产的客观需要：

（1）能在工业现场可靠地连续运行。

（2）控制逻辑灵活，修改方便，更改控制逻辑时不需要投入二次费用，采用模块化产品系统扩充非常方便。

（3）原则上应按逆煤流方向逐台延时启动，延时时间应保证能躲过前台电动机启动时的尖峰电流，一般取 3～5 s。如采用顺煤流方向启动，可以减少机械的空转时间，从而节省电能的消耗和机械磨损。但按顺煤流方向启动必须是在系统中各机械完全空载的情况下才能采用，荷载将造成压煤现象。按逆煤流方向启动完全可以避免这种现象，故选煤厂多采用按逆煤流方向启动。

（4）正常时应按顺煤流方向逐台延时停车，延时的时间应保证停止时本台机械上的煤已全部运至下一台机械。在机械发生故障时，应在最短时间内全部停止或在现场急停。

（5）具有集控连锁和就地解锁两种控制方式。两种控制方式能方便地进行转换。

（6）具有完善的启、停车预告信号，禁启信号及事故声光语音报警信号，以保证安全生产。

（7）设备发生运行故障时，逆煤流闭锁来煤方向设备，集控室内同时指示故障设备号，打印故障参数，并在调出故障设备所在画面。

3. 控制原理

集控系统中的二次控制回路是 PLC 的 I/O 接口电路，其优化的设计、电气元件的质量，对系统的可靠性有着决定性的作用。应按不同岗位的工作性质、使用环境等因素进行设计。针对选煤厂控制系统所具有的高度自动化、较为完善的保护系统，以及引进设备所具有的可调性等，应选择一对带插锁的按钮完成二次回路的设计。本方式的优点如下：

（1）适用于本选煤厂人员少、效率高、自动化水平高的特点。

（2）减少了传统方式的控制方式转换开关，少了一个中间元件的转接点，提高了系统的可靠性。

（3）每台设备的断路器通断信号、设备运行返回信号、热过载信号、启车信号、停车信号均输入 PLC 系统，部分胶带输送机的跑偏、拉绳、欠速、纵向撕裂、溜槽堵塞及烟雾信号也进入 PLC 系统。

离心机、破碎机的过载保护、欠速保护和离心机油压保护信号，调速型液力耦合器的油温、油压等信号也进入 PLC 系统。

（4）由于设备集中/就地均由 PLC 驱动，对各种设备可灵活组合。任一台未工作的并联流程设备均可在不影响系统运行的条件下完成就地试车。

（5）设备的工作状态由集控室统一调度，便于生产的管理。

（6）采用带插锁的按钮，可保证检修时的安全。

（7）在集控方式下，对已选择启车的设备，在启车预告过程中可封锁 PLC 输出口，由按钮完成禁启指令的传送。

应指出的是，按钮的插锁只能在设备检修时动作，并在控制室登录，以决定系统能否工作。正常时应全部处于复位状态，否则将造成启车失败。对此应在管理中强化实行。

4. 控制设备

集控室的主要设备有操作台、PLC 控制屏、工业控制机、液晶显示器（LCD）、DLP 大屏电源屏（含稳压电源和不间断电源）等。

现场主要设备有：就地控制箱、皮带保护传感器（跑偏开关、拉绳开关、防打滑装置等）、煤位和水位深度传感器、密度控制仪等。

考虑到现场粉尘较多、环境状况差的特点，本系统的所有就地设备均设计为防水型、防尘型或防爆型。

二、自动化（以重介系统自动调节控制为例）

1. 工艺要求

重介系统须对重介质密度及合格介质桶、稀介桶、混料桶液位进行测控，介质密度跟踪精煤产品灰分控制，给定预期灰分，若灰分高，则降低密度；若灰分低，则提高密度。为了防止渣浆泵将仓位打空，需对合格介质桶、稀介桶、混料桶进行液位控制，若液位高，则减少液体进入；若液位低，则加大液体进入。

2. 控制原理

1）重介密度自动调节控制系统

本控制系统是一个内环以精煤产品预期灰分下的密度为给定信号，以密度变送器测量值为反馈信号，外环以精煤产品预期灰分为给定信号，以灰分测量仪测量值为反馈信号的双闭环自动调节系统。

系统调节对象为精煤脱介筛筛下合格悬浮液到自动分流箱分流阀及合格介质桶补加循环水阀，精煤预期灰分为外环给定信号：灰分测量仪测量值（反馈信号）与之比较，其偏差经过 PI 调节器后作为内环给定信号输入；密度变送器测量值（反馈信号）与之比较，其偏差经过 PID 调节器后输出作用于执行器（分流箱分流阀及合格介质桶补水阀），内环经过 PID 调节器后设一个偏差比较器，当偏差Δd为正偏差时，输出作用于合格介质桶补水阀；当偏差Δd为负偏差时，输出作用于分流箱分流阀。

PLC 分站接收给定信号、反馈信号，发出执行信号，所有偏差计算、PI（PID）调节控制功能均由 PLC 完成。

2）重介液位自动调节控制系统

本控制系统只对稀介桶、混料桶液位进行调节控制，合格介质桶补加水阀已在密度自动控制系统加以控制，因此合格介质桶只作高低水位报警。下面以混料桶液位自动调节为例说明其控制原理，稀介桶液位控制与此相同。

系统控制对象为混料桶液位，以设定的液位上、下限为给定信号，以液位变送器测量值为反馈信号，反馈信号与给定信号比较，其偏差经过 PLC 数值判断后输出控制信号，作用于执行器——补加循环水阀。当偏差为正偏差时，补加循环水阀阀门开大，加大液体进入量；当偏差为负偏差时，补加循环水阀阀门开小，减少液体进入量。

PLC 分站接收给定信号、反馈信号，发出执行信号，偏差计算、调节控制功能均由 PLC 完成。

三、工艺流程

（1）原煤分级：原煤入厂最大粒度≤300 mm，按 +50 mm、50～25 mm 和 −25 mm 三种粒度分级，+50 mm 粒度的原煤经检查性手选后破碎到 −50 mm 粒度。

（2）选煤工艺：原煤入厂后在准备车间进行 25 mm 和 50 mm 联合筛分，−25 mm 筛下物通过胶带输送机运往主厂房后分流入洗，也可分流入产品仓作为电煤储存。+50 mm 筛上物通过手选除杂破碎后与 50～25 mm 物料合并，通过胶带输送机运往主厂房进行原煤分级脱泥。块煤洗选采用块煤重介浅槽（50～13 mm），末煤洗选采用末煤重介旋流器（13～1.5 mm），粗煤泥分选采用煤泥分选机（1.5～0.25 mm）。

（3）煤泥水处理：煤泥回收采用一段分级、二段阶梯浓缩、三段回收工艺，即粗煤泥采用进口煤泥分选机分选，煤泥离心机回收；中细煤泥采用一段浓缩，加压过滤机回收；细煤泥采用二段浓缩，进口板框压滤机回收。

四、工作流程

（1）工作前注意检查集控室内通信、消防、照明、空调设备和集控室的清洁卫生。

（2）检查集控室内的工控机、交换机、监视器、调度电话、DLP 调度大屏幕是否正常。

（3）检查各种记录本是否齐全，上班记录是否完整。

（4）当班人员须精神饱满，不喝酒，未生病。

（5）查看各种记录，检查询问系统设备是否检修完毕，调出报警屏幕看设备报警画面是否影响启车设备，通知各岗位操作人员检查设备、做好启车准备，并须得到反馈，确认正常。

（6）检查各设定值并根据工艺要求对设定值进行合理调整，同时检查集控室的各项记录，发现问题及时汇报值班领导。

（7）向调度员了解矿井出煤情况，查看原煤仓及各产品仓仓位，并据生产需要与调度员协调产品外运，避免仓位高影响系统正常生产。

（8）查看洗煤系统合格介质桶位情况，要特别注意合格介质桶位是否有放空现象，询问补充介质的正确走向，并做好补充介质的准备。

（9）按要求选择合适的原煤给煤机，通知操作工调整好给煤机给料闸板开启度。

（10）若生产系统停车时间超过 6 h，应通知操作工提前做好介质泵的鼓风搅拌工作，以确保介质泵启动后顺利上料。

（11）确定洗煤入仓闸门的正确位置。

（12）通知岗位工打开准备运转设备的入料阀门及筛上喷水。

集控岗位相关的事故案例

案例一　习惯酿大错，后悔莫及

一、事故经过

2007 年 3 月 25 日，某选煤厂在生产过程中岗位人员发现 3045 离心机脱水效果不好，于是汇报集控室，集控员张某通知检修工王某和李某现场检查，经检修工检查确认为筛篮损坏，于是汇报集控室，要求停机处理，集控员张某停掉 3045 离心机后，检修工李某在没有停电的情况下就进入该离心机检查筛篮损坏情况，5 min 后集控员张某准备启用备用离心机 3046，在启动 3046 离心机时张某习惯性地启动了 3045 离心机，结果造成了李某当场死亡。

二、事故原因

1. 直接原因

检修工王某和李某严重违反《安全操作规程》，在设备不停电的情况下就进入设备内工作，这是造成此次事故的直接原因。

2. 间接原因

（1）集控员张某上班期间注意力不够集中，导致误操作。

（2）对职工安全管理、安全教育、技术管理培训力度不够，职工不能严格执行安全技术操作规程，安全意识薄弱。

（3）管理人员现场安全监督管理不到位。

（4）职工存在重产量、轻安全的思想，没能把安全工作摆在首位。

三、防范措施

（1）积极组织职工学习《选煤厂安全规程》《安全技术操作规程》等，并结合此次事故教训，举一反三，深刻反思，开展警示教育。

（2）在检修或处理各类事故时，严格按照选煤厂停送电制度办理，并在配电柜上挂"有人工作，禁止合闸"的警示牌，严禁带电检修。

（3）信号联系必须准确无误，信号联系不清不能开车。

（4）进一步明确和落实各岗位安全生产责任制，强化关键工序和重点隐患的双重预警。

案例二　粗心大意不改，事故连连不断

一、事故经过

2000 年 7 月 21 日中班，×矿的原煤比较黏，极易附着在原煤分级筛的筛面上，造成原煤压筛子现象，在 7 月 21 日 15 点 10 分左右，204 分级筛再次出现原煤压筛子现象，204 筛分机操作员刘××停车后，立刻爬上 204 筛面清理积煤，在清理约 10 min 时，拣选工王××以为刘××清理完积煤从筛子上下来了就通知集控员李××开启筛分机，见筛子振动，筛分机操作员刘××立刻从筛子上跳了下来，造成左脚趾骨粉碎性骨折。

二、事故原因

1.直接原因

刘××在清理筛面物料时未及时悬挂"禁止开车"的警示牌并未设专人进行监护，现场自主保安意识差，严重违反《原煤分级筛安全技术操作规程》。王××未经查看擅自通知集控员李××开启筛分机，严重违章。集控员李××在没有确定筛分机操作员是本岗位操作员的情况下就开机。这些是造成此次事故的直接原因。

2. 间接原因

（1）对职工持各自工种上岗证上岗的规定执行不严，造成没有筛分机操作员上岗证的拣选工擅自开机。

（2）工段对职工安全管理、安全教育、技术管理培训力度不够，职工不能严格执行安全技术操作规程，安全意识薄弱，自保、互保意识差。

三、防范措施

（1）各班组要开展"手指口述"大比武活动，奖优罚劣，不合格者停班学习，切实将此项工作抓到根上，落到实处，从根本上提高职工对隐患的防范能力。

（2）各单位要组织职工学习"三大规程"及安全技术措施，举一反三，开展警示教育。

（3）各单位要进一步明确和落实各级安全生产责任制，强化关键工序和重点隐患的双重预警，并严格落实特殊作业人员持证上岗制度。

参 考 文 献

［1］陈刚，肖炎根. 传感器原理与应用［M］. 北京：清华大学出版社，2011.

［2］杨林. 电气控制与 PLC［M］. 北京：机械工业出版社，2015.

［3］冀建平. PLC 原理与应用［M］. 北京：清华大学出版社，2010.

［4］中国煤炭加工利用协会. 选煤厂电气设备安装使用与维护［M］. 徐州：中国矿业大学出版社，2006.

［5］孙政顺，曹京生. PLC 技术［M］. 北京：高等教育出版社，2005.

［6］王敦曾. 选煤新技术的研究与应用［M］. 北京：煤炭工业出版社，2005.

［7］徐志强. 选煤厂电气设备［M］. 北京：煤炭工业出版社，2005.